城市公共地下空间
安全可视化管理

吕 明 著

中国质检出版社
中国标准出版社

北 京

图书在版编目(CIP)数据

城市公共地下空间安全可视化管理/吕明著.—北京：中国标准出版社，2016.5
ISBN 978-7-5066-8221-3

Ⅰ.①城… Ⅱ.①吕… Ⅲ.①城市空间—地下工程—安全管理—研究 Ⅳ.①TU94

中国版本图书馆 CIP 数据核字（2016）第 052645 号

中国质检出版社
中国标准出版社 出版发行

北京市朝阳区和平里西街甲 2 号（100029）
北京市西城区三里河北街 16 号（100045）

网址：www.spc.net.cn
总编室：(010) 68533533 发行中心：(010) 51780238
读者服务部：(010) 68523946
中国标准出版社秦皇岛印刷厂印刷
各地新华书店经销

*

开本 787×1092 1/16 印张 11.5 字数 225 千字
2016 年 5 月第一版 2016 年 5 月第一次印刷

*

定价 45.00 元

本书出版得到北京联合大学学术著作出版基金支持

前　言

改革开放 30 多年来，我国城镇化率由 18％增长到 50％以上，预计到 2050 年将达到 76％。随着城市的发展，城市公共地下空间的开发利用越来越成为了城市发展的新方向。地下空间一般集商业经营、地下停车、防空、市政管线和交通等功能于一体，各种功能兼顾的结果造成各部门职能交叉、多头管理，增加了安全管理难度。由于地下空间开口多，各个出入口人、车进出容易和频繁，易产生安全隐患，给安全管理造成极大困难，同时也增加了安全管理的成本和投资。城市公共地下空间不仅对安全设施的投入要求更高，对安全管理的专业性、有效性和及时性也提出了更高要求。特别是在发生突发事故时，由于地下空间多级分层增加了安全监控、应急疏散和应急救援的复杂性和难度，其对应急通信设施、应急搜救设备性能也提出了更高要求。传统安全管理理论与方法难以发挥作用。

本书提出利用可视化的方式和手段，解决地下空间安全管理问题。构建了旨在寻找地下空间安全可视化点的可视化需求 RFSC[①] 模型，证明地下空间需要进行安全可视化管理；进而建立了安全可视化管理理论体系与安全可视化管理信息系统总体模型。在理论研究指导下，构建了安全可视化方式选择 VAFT[②] 模型，通过认知实验证明 VAFT 模型选择的最适用可视化方式对于缩短认知时间有显著影响。本书最后对可视化管理效应进行了分析，提出了安全管理认知效率分析模型，并从组织、制度、流程等方面，分析可视化方式和手段带来的影响和效应。本书按照"提出问题→发现需求→理论研究→方式方法研究→效应分析"的解决问题思路，将全书分为 7 章，具体如下：

第 1 章：绪论。阐述了城市公共地下空间的发展情况，对国内外城市公共地下空间安全管理现状和安全管理问题进行了归纳总结，梳了国内外城市公

---

① 地下空间安全可视化管理需求模型简称 RFSC 模型。
② 地下空间安全可视化方式选择模型简称 VAFT 模型。

共地下空间安全管理相关研究，针对研究中存在的问题，提出了利用可视化的方法与手段进行地下空间安全管理的思路，分析了本书研究意义，制定了研究目标，系统全面分析了本书的研究内容、研究框架和方法。

第2章：理论基础研究。从安全管理理论、信息可视化理论、认知工程学三个方面，重点梳理和研究了城市公共地下空间安全可视化管理的基础理论，并从安全管理信息系统研究、可视化技术和系统研究、认知过程模型三个领域，进行了文献综述，分析了当前研究中的薄弱之处。通过对安全管理理论的归纳和梳理，进一步为系统分析地下空间安全管理工作打下基础，对信息可视化理论、认知工程学研究的梳理和分析，对安全可视化管理的方式和信息系统设计提供指导。

第3章：城市公共地下空间安全可视化管理需求研究。本章研究得出了安全可视化管理需求RFSC模型，对城市公共地下空间安全可视化管理的需求进行了全面分析。首先分析了地下空间安全管理工作的特点，在此基础上，进行了地下空间安全管理情况问卷调查，通过数理统计对应分析的方法，总结得出地下空间安全管理利益相关者核心诉求。其次，进行核心诉求和安全管理业务流程的对应，并通过工作过程可视化需求判别模型，得到安全管理业务流程中需要进行可视化的工作过程。再次，对具有可视化需求的工作过程进行可视化点及内容分析，最终确定了地下空间安全可视化管理的对象和内容。本章确定了地下空间安全可视化管理的重要需求。

第4章：城市公共地下空间安全可视化管理理论体系研究。分析了地下空间安全可视化管理的概念、内涵、特征、内容，构建了地下空间安全可视化理论体系。并从人类的认知过程入手，对安全可视化管理的认知过程进行了全面分析，包括人类的安全信息认知过程及信息系统的信息认知过程。对地下空间安全可视化管理信息系统进行了总体设计，分析了系统目标、架构、信息处理过程及安全可视化集成平台的主要功能。

第5章：城市公共地下空间安全管理可视化方式及选择方法研究。首先，分析明确了地下空间安全管理信息可视化表达的方式；其次，构建了基于认知理论的可视化方式选择VAFT模型，系统阐述了安全管理信息最适用可视化方式选择过程和步骤；再次，应用VAFT模型和可视化方式选择方法，对综合管廊的安全预警信息最适用可视化方式进行了实证分析，并系统分析总结了地下空间安全可视化管理信息系统可视化集成平台各主要功能的最适用可视化方式；最终，通过在地下空间综合管廊供配电系统故障跳闸状态综合管理过程中的认知实验，进一步证明了运用 VAFT 模型选择的最适用可视化方式，能够节省认知时间，提高应对速度。

第 6 章：城市公共地下空间安全可视化管理效应分析。明确了安全可视化管理的作用路径：从安全可视化集成平台作用于安全管理主体，进而作用于安全管理组织结构、制度、业务流程。在可视化方式和手段对管理主体的效应分析上，建立了安全管理主体认知效率分析模型，利用认知实验得到的数据，计算得出了最适用可视化方式可以提高安全管理主体认知效率达 24.88% 的结论。在对地下空间安全管理本身的效应分析上，得到了安全可视化管理对于地下空间安全管理组织结构、管理制度、业务流程的效应与影响。

第 7 章：结论与展望。对本书研究结论和创新点进行了总结，并对未来地下空间安全可视化管理进行了展望。主要创新点包括：构建了地下空间安全管理工作过程可视化需求判别模型、安全可视化管理需求 RFSC 模型；建立了地下空间安全可视化管理理论体系和信息系统总体模型；构建了基于认知理论的可视化方式选择 VAFT 模型，提出了最适用可视化方式选择的方法；提出了可视化方法对地下空间安全管理效应分析方法，建立了安全管理主体认知效率分析模型。

本书将信息可视化的方式和手段引入地下空间安全管理过程中，让隐藏在地下的安全信息直观地展现在管理者面前，有利于管理者掌控地下空间各区域和系统的总体情况，便于及时发现问题并迅速采取措施加以解决。本书将安全可视化管理理论研究与认知实验、可视化管理信息系统研究结合起来，构建了可视化需求判别模型、RFSC 模型、可视化方式选择 VAFT 模型、认知效率分析模型等理论模型，并通过认知实验进行验证，最终通过信息系统加以实现，对于地下空间安全管理具有重要的理论价值和实践意义。

在本书的撰写过程中，我的导师谭章禄教授倾注了大量心血，给予我很多建设性意见。在遇到困难时，谭老师以他敏锐的洞察力、深刻的思考力和准确的判断力，为我明确了写作思路。任超在本书撰写过程中提出了很多宝贵意见，并在认知实验中做了大量工作。本书的出版得到了北京联合大学学术著作出版基金及生化工程学院、工程管理系领导的支持。在此一并表示衷心的感谢。

吕　明
2015 年 10 月 15 日

目　录

第1章 绪 论

改革开放 30 多年来，我国城镇化率由 18％增长到 50％以上，预计到 2050 年将达到 76％。随着城市的发展，城市公共地下空间的开发利用已成为了城市发展新的方向。实践证明，开发利用城市公共地下空间，可以有效地拓展城市发展空间。本章总结归纳了国内外城市公共地下空间发展现状、安全管理现状，分析了国内外对于城市公共地下空间安全管理的研究情况。在此基础上，提出本书研究的目标与意义，系统全面地阐述本书的研究思路和方法。

1.1 城市公共地下空间开发利用现状

1.1.1 国外城市公共地下空间开发利用

1863 年英国伦敦建成的第一条地下铁道拉开了现代城市公共地下空间开发利用的序幕。随着全球城市化进程的加快，城市人口急剧增加，地面土地资源供应日趋紧张，为了缓解环境恶化、交通拥堵、空气污染等城市病，城市发展由地上转入地下，地下空间已成为城市空间的重要组成部分。

西方发达国家城市公共地下空间已建成了由点（单体建筑地下空间）、线（地下交通线、物流线等）、面（地下空间综合体）组成的立体地下空间结构，根据相关研究可以看到，城市公共地下空间发展与一个国家的人均国民生产总值存在关联，当人均国民生产总值在 300～500 美元之间时，地下空间发展较为片面单纯，处于萌芽阶段；而在 500～2000 美元之间时，地下空间开发趋向综合，综合效益显著提高，处于发育阶段；在 2000 美元之上时，地下空间高水平综合开发，综合效益极高。

在国外地下空间开发利用中，美国、加拿大、日本、瑞典、法国等开发较为成熟，各项开发利用工作按计划有序开展，避免了无序开发和资源的浪费。由于城市中心区开发强度大，地铁换乘站、公共汽车站、地下停车场、地下商业区等各种功能相互交叉。因此，城市公共地下空间开发由开发商进行统一投资、统一经营管理，以达到地下空间开发系统化、最优化。美国纽约曼哈顿地区、法国巴黎拉德芳斯新区、加拿大蒙特利尔地下城、日本副都中心新宿地区等，都是全球具有代表性的地下空间开发范例。

蒙特利尔地下城被誉为世界上最长、保护最好的城市地下空间。蒙特利尔市中心从北面的罗伊尔山脉到南面的圣劳伦斯河共12平方千米，城市主干道和地铁沿着东西轴向，地下过街通道和走廊都是沿着南北轴线。纵横交错的地下网络使得蒙特利尔的市民通过30千米的地下走廊到达城市各个地区。总结蒙特利尔地下城建设经验，可以发现：

其一，政府认真落实规划、长期政策引导和服务是蒙特利尔地下城建设的决定因素。1964年，蒙特利尔制定完成了地铁建设规划，与此同时，政府开始实行土地长期批租政策，开发商只享有指定土地的开发权，不需要购买原始土地。开发过程中，反复论证地下室与地铁车站联通问题，并使规划落实。对于地铁周边开发时进一步建设与地铁连通的地下空间的开发商，指定优惠性政策予以鼓励。启发开发商地下空间建设兴趣。

其二，城市地下空间综合管理机构为地下空间的开发运营提供了有力保障。蒙特利尔地下空间项目成立地下空间项目管理公司，其是一个准政府、非盈利、强有力的协调机构。其特点在于政府与私人开发商共同投资建设。私人投资者的参与，承担了地下通道建设费用、维修费用、管理费用及责任保险费用，使得蒙特利尔地下城规模不断增大。项目管理公司建立了一套共同投资、共同建设、共同协商的协调机制，也使得地下空间越来越受到投资者欢迎。

从国外地下空间建设经验来看，地下空间特别是地下基础设施开发建设，采用PPP模式较为适合。例如地铁建设项目，其可以由政府直接提供资金进行自主建设和经营，也可以在政府适当补偿的情况下，由社会部门进行建设和运营，这种政府与社会部门合作的方式就是PPP模式，合作方共同出资、共同决策、共同承担风险，完成项目投资和运营。英国伦敦地铁、新加坡地铁、日本东京地铁等均是采用了PPP模式。

2014年9月24日，财政部下发了《关于推广运用政府和社会资本合作模式有关问题的通知》，要求各地方政府财政部门拓宽城镇化建设融资渠道，促进政府职能加快转变，完善财政投入及管理方式，尽快形成有利于促进政府和社会资本合作模式（Public－Private Partnership，PPP）发展的制度体系。并强调要立足国内实践，借鉴国际成功经验，推广运用政府和社会资本合作模式，是国家确定的重大经济改革任务，对于加快新型城镇化建设、提升国家治理能力、构建现代财政制度。

1.1.2 我国城市公共地下空间的发展

2000年以来，我国城市大型公共地下空间开发与利用出现了跨越式发展。主要在城市中心区的立体式开发，大大缓解了城市发展中的各种矛盾。我国一二线城市公共地下空间已经从规划设计阶段，过渡到使用阶段。

我国城市轨道交通建设速度全球首位，现有及规划获批的轨道交通运营城市达到了40个，至2015年前后，我国共要建设96条轨道交通线路，其总里程达到了2500多千米，投资总额也将达到 1 万亿元；至 2020 年前后，我国将进一步加快轨道交通建设，运营线路预计达到 170 余条，总里程超过 6000 千米；未来预测 2050 年，运营总里程达 11740 千米，共有 290 条轨道交通线路，可以有力解决我国各大城市的交通拥堵问题。轨道交通发展和新型城镇化建设，大大推动我国城市公共地下空间开发利用。我国城市公共地下空间的分布呈现出了集中在城市中心广场、火车站前广场、主要街道交叉口的特点[1]。

以北京市为例，开发规模在 10 万平方米以上的地下空间主要包括北京中关村地下空间、北京奥林匹克中心区地下空间等，其开发深度多为地下二层至三层，并且具有商业、娱乐、餐饮、停车、地铁于一体的功能。北京市地下空间已建成面积已达 4500 万平方米，并且以年均增长 10% 的速度发展，据此估算，北京市 2020 年地下空间总面积将达到 9000 万平方米[2]。据有关研究估计，北京市地下 10 米以内的可以开发利用的地下空间为 9000 万平方米，而 30 米以内可以开发利用的地下空间面积超过 2 亿平方米[3]。另外，北京地下交通环廊建设已经初见成效，已经建成中关村西区、奥林匹克公园、金融街等交通环廊，同时正在建设北京丽泽商务区与北京商务中西区交通环廊[4]。北京市十二五规划提出，要将地下隧道建设作为缓解交通拥堵的重要手段，加快建设东西二环、北辰东路南延、学院南路、首体南路等七条重要线路[5]。

上海市在发展城市交通方面走在了全国的前列，规划发展"井"字形地下通道，并已经建成了以大型商业城、内外交通枢纽、城市副中心、轨道交通换乘枢纽为功能目标的 10 座地下城[6]，包括人民广场、上海南站、世纪大道、徐家汇、静安寺等。广州市地下空间建设以地铁建设为主线，地下商场、地下步行街、地下停车场、多功能综合体全面发展。其投资 70 亿元，打造了珠江新城核心区市政交通项目，开发规模在全国来说处于首位，地下三层，总面积达到 44 万平方米，集购物、餐饮、娱乐、交通等各种功能于一体[7]。

与此同时，在国家政策层面，2013 年 9 月，国务院向各省、自治区、直辖市人民政府、国务院各部委、各直属机构发布了《国务院关于加强城市基础设施建设的意见》的文件[8]，文件中提出了提高我国城市发展水平的四大重点领域，包括城市道路交通、城市管网、污水与垃圾处理、生态园林，着重提出了要推进地铁、轻轨等城市轨道交通系统建设，并首次确定了地铁在城市交通中的骨干地位，并对市政地下管网建设改造提出了要求，要求地下管网的开发建设应按照综合管廊模式进行。

我国城市地下空间开发利用前景广阔，随着我国经济社会持续健康发展，2020 年我国将成为地下空间开发利用的大国，并进而成为地下空间开发利用的强国。而我国地下空间未来发展的主要特点表现为：

城市轨道交通总量居世界首位。截至 2014 年 12 月 31 日，中国共有北京、天津、上海、南京、苏州、杭州、无锡、宁波、长沙、武汉、西安、重庆、成都、昆明、大连、长春 16 座城市新增开通了城市轨道交通线路，总计新增运营线路 27 条，新增运营里程 464.12 千米，车站 302 座。中国城市轨道交通运营城市中，新增加了无锡、宁波、长沙 3 座城市，至此，中国城市轨道交通已开通运营城市达到 22 座。

城市"地下造城"兴起。我国各大城市地下空间的关注热情从 2012 年开始空前高涨，各大城市纷纷出台城市地下空间发展规划，包括北京、上海、重庆、南京、杭州、深圳、青岛等几十个城市出台了专项规划，我国城市地下空间规划建设进入了高峰期。

城市地下隧道建设前景广阔。20 世纪 60 年代开始，日本、美国掀起了高架桥建设热潮。但 90 年代初，美国、日本又开始拆除高架桥。高架桥虽然给城市拥挤的交通带来了一定的缓解，但其本身造成的占据城市空间、行人与公共交通不便、噪声与废气等，让城市环境付出了巨大代价。而从解决远期交通问题和未来可持续发展交通的要求来看，城市隧道发展前景广阔。建设地下快速路为解决城市交通问题提供了重要思路，将越来越受到重视。上海市政府提出了井字形通道方案，北京市提出了建设四横四纵地下快速路网，深圳市提出建设港深西部通道，南京市大力发展玄武湖、城东干道、北线地下路等地下快速路，解决交通问题，改善城市地面环境。

城市基础设施全面地下化。地下基础设施主要分为地下公共设施和地下市政设施。随着我国城镇化步伐的加快，综合了地下公共设施的地下综合体快速发展，表现出项目多、规模大、水平高的特点。而地下综合管廊建设是未来我国城市地下市政设施建设的重点。未来城市地下综合管廊的应用将从探索阶段走向推广阶段，从点线布局走向网络布局，从政府主导走向企业主导，从能源供给为主走向能源循环利用为主。

通过上述整理分析，城市地下空间发展经过了近百年时间，而进入新的时代，其发展呈现出新的发展趋势，主要包括：

（1）深层化、分层化发展

当前世界主要发达国家及部分发展中国家，其浅层地下空间已经完成了开发利用，而为了应对城市发展的城市病，要向深层地下空间发展。美国、日本深层地下空间发展已经走在了前列，而深层地下空间的开发与利用已经成为了城市现代化建设的重点。而在地下空间向深层次发展的过程中，由于其承载的城市功能较多，包括交通、商业、市政管线等，因此必须要对地下空间进行竖向规划，分层开发，要避免各层地下空间的相互干扰，促进地下空间可持续发展。

（2）综合化发展

城市地下空间当前表现出的重要特征是地下综合体不断涌现。地下综合体，是随着城市立体化再开发、建设沿三维空间发展的，地面、地下连通的，综合交通、商业、贮存、娱乐、市政等多用途的大型公共地下建设工程。当城市中若干地下综合体通过铁道或地下步行道系统连接在一起时，形成规模更大的综合体群。现阶段我们在地下空间的利用上，地下综合体是最为常见的一种表现形式，它常常出现在城市中心区最繁华的地段，并和地下交通系统紧密结合。

目前正在进行规划、设计、建造和已经建成使用的已近百个，规模从几千至几万平方米不等，主要分布在城市中心广场、站前广场和一些主要街道的交叉口，以在站前交通集散广场的较多，对改善城市交通和环境，补充商业网点的不足，都是有益的。城市地下空间综合化发展，表现在地上、地下空间功能既有区分，又有协调发展的相互结合模式。

（3）生态多样化发展

"以人为本"是地下空间生态多样化发展的重要准则，将部分城市功能移入地下，这样地面可以留出更多的空间，进行生态多样化建设，做好绿地规划与城市步行系统协调设计，可以实现城市人与自然的和谐发展。巴黎拉德方斯新区地下机动车道建设，节约了地面资源，建成了 25 公顷的公园。随着未来地下空间的发展和建设，必将形成环境友好的生态城市。

1.1.3 地下空间管理现状

1.1.3.1 国外城市公共地下空间管理现状

城市公共地下空间在城市发展中越来越起到重要作用，由于地下空间在地理位置上具有封闭性和隐蔽性的特点，其安全事故不管从发生次数，还是从死亡人数及经济损失方面，都大大高于地面建筑和高层建筑[9]。城市公共地下空间安全管理体制对于地下空间安全管理至关重要，城市公共地下空间安全管理体制现阶段与政府密切相关，主要为行政安全管理体制[10]。主要包括地下空间的行政机构组织结构、工作职能、管理制度、权限划分等。

西方发达国家在地下空间管理上发展起步早，基本形成了从中央到地方、从专业管理到综合管理的协调统一的综合安全管理体制。日本由于其国土面积较小，从 19 世纪末开始，其地下空间开始发展。日本的地下空间发展可以分为三个阶段，如表 1-1 所示。

表 1-1 日本地下空间发展阶段

阶段	特点	功能及发展程度	监管群体
19 世纪末— 20 世纪 40 年代	功能单一 管理单一	供水管网	单一专业部门
20 世纪 40 年代— 20 世纪 80 年代末	规模扩大 管理多头	地下共同沟、地铁、地下街道、地下停车场	建设厅、消防局、警示厅、运输厅、资源能源厅
20 世纪 80 年代末以后	深层开发 综合管理	电力、通信、供水、工业用水、排水、煤气、地下购物中心、地下交通枢纽等	国土交通省（中央） 大深度地下使用协议会（地方） 综合利用基本规划策定委员会（地方）

第一个时期是 19 世纪末～20 世纪 40 年代中期，此阶段日本地下空间只局限在地下供水管道功能单一的方面；第二个时期重点发展了地下共同沟、地铁、地下通道等，但是地下空间管理多头化现象明显，有多个职能部门进行管理；第三个时期为 20 世纪 80 年代后，城市公共地下空间向电力、通信、煤气、地下购物中心、地下交通枢纽等多个领域发展，开始逐步形成中央和地方协调管理的体制。日本自 20 世纪 90 年代以来，建立了一套城市公共地下空间综合安全管理体制，特别是 2001 年日本颁布了《大深度地下公共使用特别措施法》后，逐步形成了中央政府由国土资源厅牵头，地方政府由大深度地下使用协议会、综合利用基本规划策定委员会组成的，协调统一的地下空间管理体系，具体如图 1-1 所示。

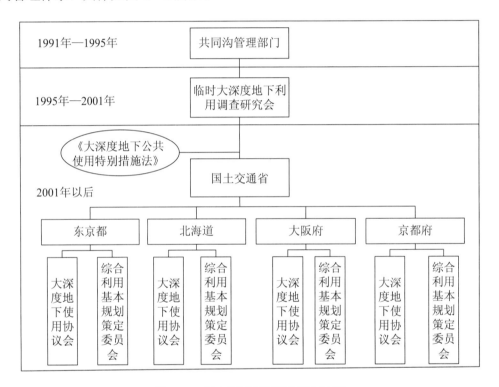

图 1-1 日本地下空间综合管理体系

法国的混合经济体在城市公共地下空间管理中发挥了决定性作用，其优势主要表现在，首先混合经济体由各政党议员、领域专家、参与企业的管理者等组成，决策较为民主、科学，运营成本较低；其次混合经济体在城市建设以及交通、文化、旅游等方面运作经验丰富，相对政府部门更为灵活，执行更有效率；再次，混合经济体在财政出现赤字时，政府部门可以给予一定的补偿。

美国、英国及德国的城市公共地下空间安全管理体制较为相近，都是由政府部门牵头进行直接管理。英国运输部负责英国海、陆、空交通政策，城市公共地下空间归其进行管理。美国城市公共地下空间的规划、建设、设施管理等由联邦政府交通运输部负责,此外联邦政府交通运输部重点对美国公路运输、民用航空运输、水路运输、铁路运输、管道运输等运输方式进行综合管理。德国的运输部负责德国城市公共地下空间的法律及标准制定与监督落实,具体管理由各地方政府执行。

1.1.3.2 我国城市公共地下空间管理现状

我国城市公共地下空间的发展起源于 20 世纪 60 年代的人防工程建设。改革开放后,随着我国经济社会发展,我国城市公共地下空间开发利用呈现出加速发展的态势。但是,城市公共地下空间安全管理体制上存在一定的问题。从法律上来讲,我国城市公共地下空间安全管理主体的主要特征是"双轨制管理"。1996 年颁布的《人民防空法》[11]规定了我国防空地下室由人民防空部门管理,而 1997 年颁布的《城市公共地下空间开发利用管理规定》[12]明确了开发利用城市公共地下空间的主管部门为规划及建设部门。而在我国各地城市公共地下空间监督管理实践中,又表现出了不同的安全管理体制,具体如图 1-2 所示。

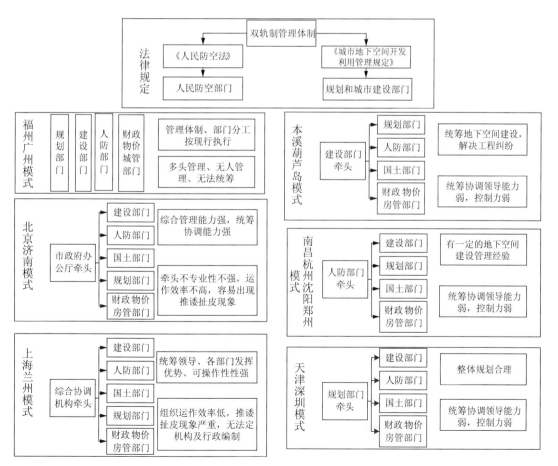

图 1-2 我国地下空间安全管理体制

从图1-2可以看出，福州、广州地下空间管理呈现出多头管理的趋势，规划部门、建设部门、人防部门等都是管理主体。而在北京和济南的地下空间管理中，市政府办公厅成为了牵头部门，综合协调管理其他相关职能部门。而在上海、兰州地下空间管理是由综合协调机构牵头，成立管理办公室或者小组进行统筹领导。而在其他城市，地下空间管理工作分别是由建设部门、人防部门或者规划部门牵头。

1.1.4 地下空间安全现状

城市地下空间的大规模开发利用，一方面缓解了城市交通压力，延伸了城市商业功能，将城市公共设施（如供水、燃气、电力、通讯、热力、垃圾处理等）埋于地下，释放了城市空间，减少了地面的空气污染，同时由于地下空间均处于城市的商业和经济中心，甚至兼顾商业和交通的枢纽，特殊的地理位置和空间结构，使得地下空间的安全问题日益突出，导致的安全事故也成为城市管理者不容忽视的问题。表1-2给出了20世纪90年代以来国外城市地下空间灾害事故案例和20世纪以来国内城市地下空间灾害事故案例。

表1-2 20世纪90年代以来国外城市地下空间灾害事故案例

时间	地点	灾害类型	事故原因	伤亡损失
1991.04.16	瑞士苏黎世地铁	火灾	机车电线短路停车后与另一地铁列车相撞起火	58人重伤
1991.08.28	美国纽约地铁	火灾	列车脱轨	死5人，伤155人
1991.12.28	美国阿梅里科尔德堪萨斯地下综合体	火灾	不详	火灾持续3个半月，损失达5～10亿美元
1995.03.20	日本东京地铁	沙林毒气	奥姆真理教恐怖活动	死12人，中毒约5500人
1995.04.28	韩国大邱地铁	火灾	施工时煤气泄露发生爆炸	死103人，伤230人
1995.07	法国巴黎地铁	爆炸	宗教激进武装集团策划	死8人，伤200多
1995.10.28	阿塞拜疆巴库地铁	火灾	电动机车电路故障	死558人，伤269人
1999.05	白俄罗斯地铁	踩踏	人员过多，混乱拥挤	死54人
1999.06.29	日本福冈市	水灾	暴雨	死1人，大片地下空间被淹
2000.02.24	美国纽约地铁	火灾	不详	各种通讯线路中断
2000.11.11	奥地利	火灾	电暖空调过热，保护装置失灵	死155人，伤18人
2001.08.30	巴西圣保罗地铁	火灾	不详	死1人，伤27人

表1-2（续）

时间	地点	灾害类型	事故原因	伤亡损失
2003.02.18	韩国大邱地铁	火灾	精神病患者纵火	死198人，伤146人
2004.02.06	俄罗斯莫斯科地铁	爆炸	恐怖袭击	死41人，伤120多
2005.07.07	英国伦敦地铁	爆炸	恐怖袭击	死56人，伤700多人，失踪近30人
2005.07.21	英国伦敦地铁	爆炸	恐怖袭击	伤1人，股市大跌
2005.10.20	美国纽约地铁	火灾	地铁站库房电路着火	7趟列车停运
2006.01.28	巴西佩尼亚商场地下车库	水灾	暴雨造成排水管道大量涌水	6人死亡
2007.10.23	日本东京地铁	停电	变电所出现问题	72班电车停驶，9.3万人行程受影响
2006.08.16	美国纽约地铁	火灾	不详	15人受伤，3000多人紧急疏散
2010.03.19.	俄罗斯地铁	爆炸	恐怖袭击	37死亡，65人受伤

当前国内外城市地下空间的安全问题还是相当突出的。日本是城市地下空间开发利用较早的国家，对地下空间的灾害也进行了大量研究。日本专家组对1970—1990年间日本国内外地下空间灾害事故做的汇总和对比，见表1-3所示。

表1-3 1970—1990年期间日本国内外地下空间各种灾害事故对比

灾害类别		火灾	空气污染	施工事故	爆炸事故	交通事故	水灾	犯罪行为	地表沉陷	结构破坏	水电供应	地震	雪和冰故	雷击事故	其他	合计
发生次数	国内	191	122	101	35	22	25	17	14	11	10	3	2	1	72	606
	国外	270	138	115	71	32	28	31	16	12	111	7	2	2	74	809
事故比例（%）		32.1	18.1	15.1	7.4	3.7	3.7	3.3	2.1	1.6	1.5	0.7	0.3	0.2	10.2	100

城市地下空间的灾害类型主要有：火灾、空气污染、施工事故、爆炸事故、交通事故、水灾、大面积停电、踩踏及犯罪行为等。从事故发生的原因分主要有：电线短路、设备故障、暴雨袭击、人多拥挤、煤气泄漏、恐怖袭击等；按照事故发生的阶段分：施工阶段的事故、运营阶段的事故等。

我国城市公共地下空间在施工建设阶段和运营使用阶段，安全事故频发，出现了很多安全事故。2008年11月15日，杭州地铁一号线湘湖站发生地面塌陷事故，造成21人死亡的惨剧。2010年8月1日，在深圳市创业一路上，正在施工的地铁5号线宝安中心站发生了严重塌陷事故，塌陷面积达900平方米。2013年11月22日，山东省青岛市黄岛区秦皇岛路与斋堂岛路交汇处输油管线破裂事故，并引发爆炸事故，事故造成的死亡和受伤人数分别为62人与136人，造成的经济损失近8亿元。据不完全统计，近年来我国发生的地下空间较大安全事故如表1-4所示。

表1-4　我国地下空间安全事故统计

事故名称	时间	类型	伤亡情况
洛阳东都商厦地下家具商场火灾事故	2000年12月25日	火灾事故	309人死亡 7人受伤
北京地铁五号线崇文门站钢筋倒塌事故	2003年10月8日	物体打击	3人死亡 1人受伤
吉林长春欧亚商都地下商场煤气泄漏事故	2004年8月1日	煤气泄漏	万人疏散
北京地铁十号线物体打击事故	2006年2月27日	物体打击	3人死亡 1人受伤
济南泉城广场银座地下购物广场水灾	2007年7月18日	水灾	无
杭州华浙大厦地下车库水灾	2007年10月7日	水灾	无
杭州地铁一号线湘湖站地面塌陷事故	2008年11月15日	地面坍塌	21人死亡 24人受伤
北京地铁15号线顺义线基坑钢支撑掉落事故	2010年7月14日	物体打击	2人死亡 8人受伤
深圳市创业一路地铁5号线宝安中心站塌陷事故	2010年8月1日	地面坍塌	无
山东省青岛市黄岛区输油管线破裂爆炸事故	2013年11月22日	爆炸事故	62人死亡 136人受伤
北京昌平区创新路地下供电管线铺设中毒事故	2014年1月12日	中毒事件	4人死亡 3人受伤

通过以上统计发现地下空间安全事故所造成的损失巨大，有关研究表明城市公共地下空间的火灾发生次数、火灾死亡人数以及火灾造成的直接经济损失，分别为高层建筑的3~4倍、5~6倍、1~3倍[13]。地下空间一旦发生安全事故，其带来的人员伤亡和财产损失要远远大于地面建筑。

城市大型公共地下空间人口、车辆流动性大，商业设施、市政设施众多，其面积大、埋层深、功能全、开口多，给安全管理带来了很大的困难，我国地下空间安全管理的主要问题主要表现在：

（1）由于面积大且位于地下，不仅对安全设施的投入要求更高，对安全管理的专业性和有效性、及时性也都提出了更高要求。

（2）由于地下空间位置深，多级分层增加了安全监控、应急疏散和应急救援的复杂性和难度，对应急通讯设施、应急搜救设备性能也提出了更高要求。

（3）由于地下空间一般集商业经营、地下停车、防空、市政管线和交通等功能，各种功能兼顾的结果造成职能交叉、多头管理，增加了安全管理难度。

（4）由于地下空间开口多，各个出入口人、车进出频繁，易产生安全隐患，给安全管理造成极大困难，同时也增加了安全管理的成本和投资。

（5）我国城市大型公共地下空间的相关的政策法规、管理制度不配套，政府和社会民众的防灾意识不一致。城市公共地下空间原有的相关政策法规有待进一步完善，同时下属部门执行力度不够，社会民众防灾意识薄弱，自救互救能力不够，缺乏日常的防灾减灾演练。

1.2 国内外地下空间安全管理研究现状

1.2.1 国外地下空间安全管理研究

西方发达国家对于城市地下空间的开发和利用已有近150年的历史，已形成地下交通、城市管网、地下能源、水源储备和地下商业综合体开发等一系列综合开发模式。随着世界各地地下空间的大规模开发利用，地下空间在开发利用过程中出现的规划问题、工程问题、防灾问题、安全问题等，引起了各方面专家的关注，关于地下空间的研究也越来越受到学界重视。

自1977年第一届地下空间国际学术会议在瑞典召开后，近30年来，国外学术界一直关注对地下空间的研究，曾多次召开以地下空间为主题的国际学术会议，并通过了很多呼吁开发利用地下空间的决议、文件和宣言。表1-5给出了1977年以来历届国际城市地下空间学术会议及讨论的主要内容。

表1-5 城市地下空间国际会议表

时间	地点	会议	主要内容
1982	瑞典	岩石与隧道国际学术会议	提出"开发利用地下空间资源为人类造福的倡议书"
1983	日内瓦	联合国经济和社会理事会	确定地下空间为重要自然资源的文本，并把地下空间的开发利用包括在其工作计划之中

表 1-5（续）

时间	地点	会议	主要内容
1991	东京	城市地下空间利用国际学术会议	通过了《东京宣言》，提出"二十一世纪是人类地下空间开发利用的世纪"
1995	巴黎	第六届地下空间国际学术会议	以"地下空间与城市规划"为主题，成立了国际城市地下空间研究会
1997	蒙特利尔	第七届地下空间国际学术会议	明天——室内的城市（Indoor Cities of To-morrow）
1998	莫斯科	国际学术会议	地下城市
1999	西安	第八届地下空间国际学术会议	跨世纪的议程和展望
2000	都灵	第九届地下空间国际学术会议	城市地下空间——作为一种资源（Urban Underground space：a Resource for Cities）
2005	莫斯科	第十届地下空间国际学术会议	经济和环境（Economy and Environment）
2007	希腊	第十一届地下空间国际学术会议	地下空间——拓展前沿（Underground Space：Expanding the Frontiers）
2009	深圳	第12届国际地下空间学术会议	建设地下空间使城市更美好

随着城市化进程的加快，国际化大都市中城市地铁、公交隧道、地下街、地下购物中心等的大规模开发利用越来越多，引发的相关工程问题、地层结构问题、城市规划问题等越来越受到国外学界的重视，但对城市地下空间的研究主要是集中在开发利用方面，更多的是从工程的角度对地下空间的结构、开发的可行性，效益等方面来进行研究，在安全管理方面的研究还比较缺乏，从 2000 年～2009 年 10 年的文献统计来看，对城市地下空间安全管理的研究只占地下空间研究的约十分之一左右，2004 年之后呈上升趋势，说明地下空间的安全越来越受到国外学界的关注。

国外地下空间安全管理问题研究起步较早，主要集中在地下空间安全问题及对策、安全施工与防灾技术、安全综合评价体系研究上，主要研究方向包括以下几点：

（1）地下空间防灾设备及技术研究

国外对于地下空间安全管理过程的防灾设备和技术开展了大量的研究工作，利用自动化控制的手段，对于地下空间太阳光引入、火灾自动报警、自动灭火装置、地下空间救援装置和设备等方面，取得了一定的成果。日本东京技术学院机械和航空航天工程系与九州大学信息科技和电子工程研究所的科研人员，联合开发了太阳神机器人（2009），其能够承担起地下空间紧急情况下的搜救工作，减轻人员救援的危险[14]。德国地下交通设施研究会的研究人员重点设计开发了城市公路隧道通风系统（1991），并对隧道的通风、空气污染物的扩散、汽车尾气以及新鲜空气等标准，构建了标准体系[15]。在俄罗斯隧道协会和信号科学与生产合作中心研究人员研究建立了隧道消防系统（2007），在隧道中实现了保证人员及财产安全、降低火灾风险和概率、减少火灾损失的目标[16]。

（2）地下空间安全问题及对策研究

国外研究在调查的基础上，深入总结地下空间安全问题，提出了预防事故发生的有效措施。渡边（Watanabe L）等人（1992）针对日本地下空间安全和灾害事故进行了长时间调研，在收集了大量数据的基础上，分析确定了地下空间存在的危险源和风险类别，并针对不同的危险源和风险提出了预防措施和办法[17]。并在日本地下空间安全事故大量案例的基础上，进行分类总结得出了地下空间灾害主要为火灾、洪水、毒气、停电、爆炸、缺氧共六大类，并针对不同的灾害类型设计不同的应对措施和预防办法[18]。奥加塔（Ogata Y）等人（1990）在对地下空间安全问题和预防措施研究的基础上，更进一步研究了环境问题和心理问题，并提出了安全监测和安全管理在地下空间的重要性[19]。

（3）地下空间安全施工技术研究

地下空间在建设和运营维护过程中，对于施工技术要求较高，建立一套有效的施工安全保障体系至关重要。日本独立行政学院马西莫（Mashimo，H.）（2002）对于公路隧道的安全保障技术标准和实施措施进行了全面研究，得到了安全是公路隧道工程在设计、施工、运营过程中的首要任务[20]。美国密歇根大学土木与环境工程系的研究人员（2010），借助地理空间数据库技术和可视化方法，对城市公共地下空间建设施工过程中的开挖作业进行研究，实现保障安全施工的目标[21]。巴拉（Bhalla，S.）等人（2005）印度和新加坡研究人员将研究重点集中在地下空间工程结构上，在地下空间建设和运营过程，提出了利用实时监控，有效减少工程结构风险的技术措施[22]。

（4）地下空间安全与灾害问题综合研究

地下空间安全与灾害问题与城市经济与社会发展息息相关，布朗潘（Blanpain）、罗格朗（Legrand）等（2004）法国学者从经济社会效益、安全、监控技术、维修维护、可视化发展、设备设施等多个方面，构建了地下空间综合分析体系，综合分析地下空间对于城市发展的重要作用[23]。范德胡芬（Van der Hoeven）、弗兰克（Frank）等（2010）荷兰学者在对荷兰隧道的综合问题进行研究中，归纳总结了其存在的问题，包括经济问题、城市发展问题、高成本问题、环境问题、监管问题等，并且着重提出了安全问题至关重要，当前缺乏成功的地下空间安全管理经验[24]。国际隧道协会（2004）组织过对地下空间的研究，认为卫生、舒适、安全的地下空间是现代社会的目标，在地下空间建设过程中，要综合考虑人体健康、心理、安全等各方面因素，在保证这些因素的基础上，提高地下空间利用率[25]。

1.2.2 我国地下空间安全管理研究

我国城市地下空间的开发利用起步较晚，地下空间的规划尚未被广泛列入城市建设规划，但我国政府和一些特大型、大型城市已经认识到适度、合理开发城市地下空间的重要性。

由中国城市科学研究会理事长、建设部原副部长周干峙院士主持，中国工程院课题组编著的《中国城市地下空间开发利用研究》一书，已于2001年正式出版发行。由北京市规划委员会、北京市人民防空办公室和北京市城市规划设计研究院联合主编的《北京地下空间规划》也于2006年出版，该书系统地介绍了通过开发利用城市地下空间的途径来解决或缓解城市人口、能源、污染、环境、交通等问题的方法，并介绍了在开发利用城市地下空间方面取得的规划和研究成果，对于全国其他大城市在地下空间的开发利用方面也具有启示和借鉴意义。

由中华人民共和国建设部1997年10月24日通过并于1997年12月1日起施行《城市地下空间开发利用管理规定》第二十七条要求，建设单位或使用单位在使用中要建立健全安全责任制度，采取可行的措施，杜绝可能发生的火灾、水灾、爆炸及危害人身健康的各种污染。规定强调了建设单位的安全责任。

2001年11月2日建设部第50次常务会议审议通过《建设部关于修改〈城市地下空间开发利用管理规定〉的决定》，自发布之日起施行。将第二十七条修改为："建设单位或者使用单位应当建立健全地下工程的使用安全责任制度，采取可行的措施，防范发生火灾、水灾、爆炸及危害人身健康的各种污染"。修改后的规定要求建设单位、使用单位必须建立健全安全责任制，并防范各种灾害。我国对于地下空间研究可以分为三个阶段。第一阶段始于20世纪80年代，持续到90年代初，此阶段地下空间的研究主要集中在阐述地下空间开发利用对于城市发展的作用，以介绍地下空间特点、开发利用特征、国外经验为重点[26]；第二阶段是从20世纪90年代期间，主要研究重点为地下空间开发利用设计、地下空间施工技术和方法等；第三个阶段为2000年以后，利用信息技术、网络技术、虚拟现实技术等新兴科学技术，对地下空间安全、施工技术方法、灾害预防、可持续发展等进行全方位研究，解决各种地下空间问题。国内研究总体来说分以下四个方面：

（1）地下空间安全指标体系构建和评价研究方面。徐梅（2006）在研究城市公共地下空间灾害综合管理系统时，提出了以政府角度、非政府角度为基础的城市公共地下空间灾害二元管理模式，划分了政府和非政府在地下空间灾害管理中扮演的角色和所起的作用，并从灾害监测预警、社会控制、居民反应、工程防御、灾害救援、资源保障六个方面，建立了评价城市公共地下空间灾害综合管理能力的指标体系[27]。杨远（2009）从灾害本身的危害性、地下空间的抗灾性能两个角度，构建了安全评价指标体系，并运用层次分析法、模糊综合评价法对某地铁项目进行了安全评价[28]。胡贤国，束昱（2010）对我国地下商业空间设施的使用安全进行了系统研究，总结了地下空间设施常见灾害，从安全管理、供电系统、消防与管理系统、机电设备、通信系统、环境与设备监控系统、外界环境七个方面，构建了地下商业空间设施安全评价体系，并提出了安全评估时注意的主要问题[29]。

（2）地下空间安全管理信息化方面。齐安文（2011）利用物联网技术和无线传感器自组网，从基础设施、信息资源、应用支撑、应用系统、门户系统五个层次和安全保障系统、标准规范体系两个保障层次，理论上构建了市、区（县）两级地下空间监管系统总体框架[30]。黄铎，梁文谦，张鹏程等（2010）对地下空间信息管理平台进行了研究，以地质信息化、地下管线信息化、地下构筑物信息化、地下铁路信息化为研究内容，构建了集专业应用层、管理应用层、公共应用层的地下空间管理平台系统框架[31]。

（3）地下空间安全管理理论和管理模式构建方面。赵丽琴（2011）以外部性理论作为指导，对我国地下空间安全管理问题进行了全面系统的研究，构建了城市公共地下空间安全管理博弈模型、安全外部性控制模型、安全利益相关者委托代理模型，提出了城市公共地下空间安全管理模式，并得到了政府管制、企业管理分别是解决地下空间安全外部性的重要途径和核心力量[32]。

（4）地下空间事故原因分析和对策研究方面。彭建，柳昆，阎治国等（2010）对地下空间安全管理问题进行了全面系统的总结，从地下街安全、停车场安全、道路地铁与铁路隧道的安全、共同沟安全、其他设施安全五个方面，针对火灾、爆炸、中毒等突发情况，归纳了历年来发生的事故案例，并提出了应对策略[33]。柳文杰（2012）重点针对城市公共地下空间突发事故进行了全面系统分析，通过案例总结了地下空间多种突发事故的特点和对策，从组织机构、运作机制、保障系统、应急流程和预案等方面，建立了应急管理体系，并提出了应急管理、处置及救援的技术措施[34]。

在对以上国内外地下空间安全管理研究归纳和总结的基础上，可以发现当前地下空间安全管理研究多集中于突发事故及灾害的原因分析和应对措施、安全施工管理技术、安全综合评价等方面，对于怎样提高安全管理水平和效率，特别是引入信息技术、可视化技术、网络技术等，解决地下空间在安全管理中存在的隐蔽性强、救援与逃生困难、负外部性大等问题，缺乏系统的理论和实践研究。

1.3　研究目的与意义

1.3.1　本书研究目的

本书利用信息可视化的方法和手段，对地下空间安全可视化管理进行系统全面研究，目的在于促进城市公共地下空间安全管理水平的提高，同时为地下空间安全管理信息系统提供科学有效的系统实现理论和方法。实现以下目的：

（1）揭示地下空间安全可视化管理的相关需求，明确地下空间进行安全可视化管理的必要性。从地下空间安全管理利益相关者诉求入手进行分析，结合地下空间安全管理流程，建立地下空间安全管理工作过程可视化需求判别模型、可视化管理需求RFSC模型，分析地下空间存在可视化需求的业务流程和工作过程，确定可视化需求的内容。

（2）建立城市公共地下空间安全可视化管理理论体系，设计安全可视化管理信息系统总体架构。结合信息可视化、认知科学、计算机科学、管理学的相关理论，提出城市公共地下空间安全可视化管理的概念、内涵、特征、要求、内容等，构建城市公共地下空间安全可视化管理理论体系。在构建地下空间安全信息认知过程模型、信息处理过程模型的基础上，进行可视化集成平台需求分析，建立地下空间安全可视化管理信息系统总体架构。

（3）研究确定地下空间安全可视化管理方式选择方法。综合分析安全管理业务流程、行为场所、行为主体及目标、行为客体及属性，通过映射关系，构建旨在确定地下空间最适用安全可视化方式的VAFT模型，并设计认知实验，证明运用VAFT模型选择得出的最适用可视化方式，在认知时间上优于其他可视化方式。

（4）分析安全可视化作用机理，揭示可视化对认知效率的效应和影响。通过认知效率模型，分析确定地下空间安全可视化管理对于安全管理主体认知效率的提升幅度。并在此基础上分析安全可视化管理对安全组织结构、安全制度、安全业务流程的影响和效应。

1.3.2　本书研究意义

我国城市公共地下空间总体规模已居世界首位，地下空间安全事故频发，安全管理问题日益突出。本书针对我国地下空间存在的安全管理问题，运用可视化管理的方法和手段，分析我国城市公共地下空间安全可视化管理相关需求，建立了地下空间安全可视化管理理论体系和信息系统总体架构，建立地下空间安全可视化管理方式选择VAFT模型，实现最适用可视化方式的选择，并在此基础上上，分析了安全可视化管理带来的管理主体认知效率的提升以及安全组织结构、安全制度、安全管理流程的影响和效应。安全可视化管理不仅是管理方式和手段的改变，更重要的是其对地下空间安全管理本身带来了重要影响和变革。主要理论和现实意义如下：

（1）本书研究的理论意义表现在：首先，通过建立城市公共地下空间安全可视化管理理论体系，明确地下空间安全可视化管理内涵、特征及内容等，为城市公共地下空间安全可视化管理提供理论支持，进一步丰富了安全管理相关理论；其次，地下空间安全可视化管理需求 RFSC 模型解决了如何确定地下空间安全可视化管理需求的问题，可视化方式选择 VAFT 模型找到了最适合可视化表达方式，认知效率分析模型揭示了可视化对管理主体的效应和影响，这些理论和模型的研究，极大地丰富了可视化管理、安全管理相关理论，并促进了可视化方法和手段在城市公共地下空间的应用。

（2）本书研究的现实意义表现在：首先，地下空间安全可视化管理研究为运营管理者提出了新的安全管理方式和手段，提高其认知效率和应对突发情况的能力，解决地下空间安全管理的现实问题，提高运营管理者总体安全管理水平；其次，为地下空间安全可视化管理信息系统设计开发提供思路和科学有效的方法，并通过信息系统实现地下空间全方位的安全管理，对提高地下空间安全管理水平具有重要的现实意义。

1.4　本书研究内容与方法

1.4.1　本书研究内容

本书从地下空间安全管理问题入手，分析得到地下空间具有隐蔽性强、负外部性大、逃生及救援困难的特点，引入可视化管理方法与手段，结合安全管理理论、事故致因理论、信息可视化理论等，首先分析地下空间安全可视化管理需求，得出寻找地下空间安全可视化需求的 RFSC 模型，此部分是说明地下空间在哪些方面需要进行安全可视化管理；其次，建立城市公共地下空间安全可视化管理理论体系，分析安全可视化管理内涵、特征、内容与认知过程，构建安全可视化管理信息系统总体模型并进行功能分析；再次，对安全可视化方式及选择方法进行研究，构建 VAFT 模型选择最适用可视化方式，并通过认知实验证明 VAFT 模型选择的最适用可视化方式，对于缩短认知时间有显著影响；最终，从安全管理认知效率、组织、制度、流程等方面，分析可视化方式和手段带来的影响和效应。具体研究框架如图 1-3 所示。

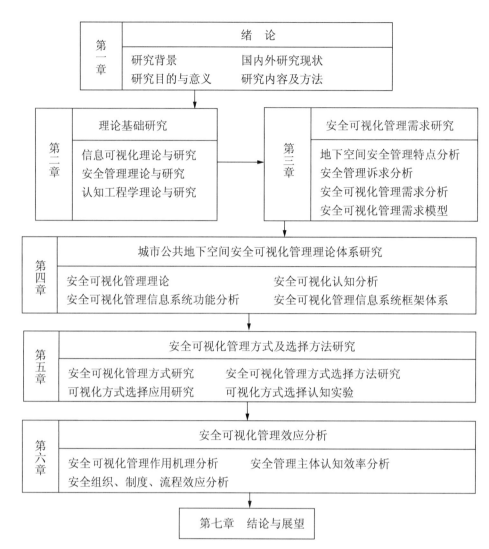

图 1-3 本书研究框架

1.4.2 本书研究方法及技术路线

本书运用认知实验方法、模糊综合评价方法、数理统计方法、认知实验法等，对地下空间安全可视化管理问题进行分析。具体如下：

（1）在对地下空间安全可视化管理需求研究过程中，运用利益相关者理论、问卷调查法、数理统计对应分析方法对利益相关者安全管理诉求进行分析。构建安全管理工作过程可视化需求判别模型、安全可视化管理需求 RFSC 模型过程中，运用模糊综合评价法、数学模型构建法等，分析确定地下空间安全可视化管理需求内容。

（2）在研究地下空间安全可视化方式选择方法过程中，运用系统论分析方法，将安全可视方式选择放在地下空间安全系统中研究，得到 VAFT 可视化方式选择模型，并运用认知实验法及数理统计中的方差分析、显著性检验法，证明 VAFT 模型选择的最适用可视化方式对缩短认知时间有明显作用。

（3）在研究地下空间安全可视化方式和手段带来的认知效率提高问题上，运用数据模型构建法、对比分析法、认知实验法、方差分析法等，得出采用可视化方式进行安全管理对于认知效率的提升幅度。

在上述研究内容和研究方法的基础上，得到了本书技术路线，如图 1-4 所示。

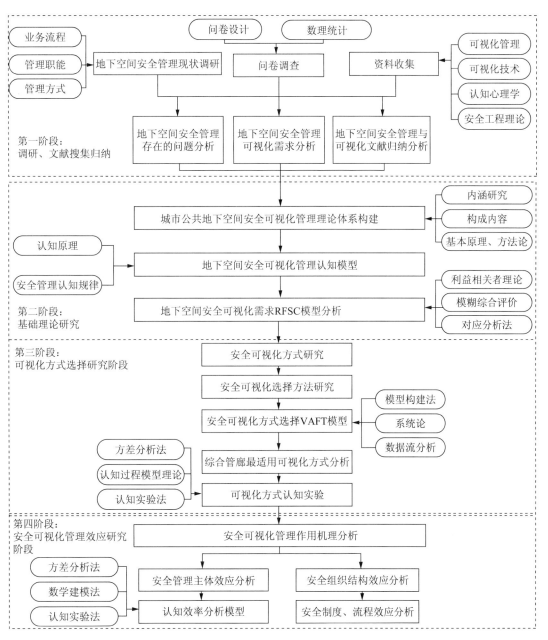

图 1-4　本书技术路线图

第 2 章　理论基础研究

本章从安全管理理论、信息可视化理论、认知工程学三个方面，重点梳理和研究了城市公共地下空间安全可视化管理的基础理论，并从安全管理信息系统研究、可视化技术和系统研究、认知过程模型三个领域，进行了文献综述，分析当前研究中的薄弱之处。通过对安全管理理论的归纳和梳理，进一步为系统分析地下空间安全管理工作打下基础，对信息可视化理论、认知工程学研究的梳理和分析，对安全可视化管理的方式和信息系统设计提供指导。

2.1　信息可视化理论与研究

信息可视化理论是安全可视化管理的基础，在信息可视化理论的方法、模型、技术等的研究成果上，构建安全可视化管理的框架和理论方法。而信息可视化是在可视化技术的基础上发展而来的，可视化技术在科学计算领域最早应用，1987 年 2 月，在美国国家科学基金会召开了关于图形图像领域的研讨会，首次提出了科学技术可视化。随着经济社会以及科学技术的发展，特别是信息已经成为了企业和各种机构存在的不可或缺的宝贵资源和财富[35]，情报处理、航空航天、医疗卫生、汽车制造、海洋工程等许多领域都出现了大量形式各异的信息集合，而将这些信息集合进行可视化表达，成为了近年来研究的热点问题。

2.1.1　信息可视化的发展演化

20 世纪 90 年代以来，人类步入了知识经济时代，特别是 21 世纪以来，人类开始从信息化时代迈向数字化时代[36]。在浩瀚的信息海洋中，人类查找所需要的信息和知识花费的时间不断增加。如何能够更好地查找信息、获取和理解知识，发现信息与信息之间的隐蔽规律，这些社会需求推动着信息可视化技术的产生与发展。同时，计算机技术、信息技术、互联技术的高速发展，为信息可视化的实现打下了基础。自 1987 年 2 月可视化首次提出，可视化的发展经历了三个过程，从提出时的科学计算可视化，发展到了数据可视化，进而发展到了信息可视化。具体可视化发展演化如图 2-1 所示。

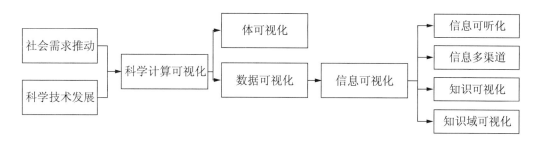

图 2-1 可视化发展演化

（1）科学计算可视化

计算机图形学是科学计算可视化的基础，也是图形科学的一个新的发展方向和领域。科学计算可视化的对象包括两类，其一是在科学研究中获得的大量数据，其二是测量及观察得到的基础数据，通过图像、图形的方式表达出来，使得信息更加直观、便于理解和认识。科学计算可视化已经成为了科学发现和科学决策的重要工具。

（2）体可视化技术

体可视化技术是科学计算可视化的一个处理方向，其主要在工程数据和测量数据的表现上发挥重要作用。体可视化通过表示、维护、绘制体数据集，理清数据内部结构和复杂特征，从而将空间数据场可视化表现出来。在数据集中往往存在着一些内在的、本质的信息，体可视化的本质就是抽取这些信息，通过交互式图像的方式表现出来。在航空航天实验的速度及温度场、卫星测量的空间场、建筑施工的空间场、核磁共振的器官密度场等多个领域，存在着大量的体数据集，这些场也是体可视化应用的重要方面。

（3）数据可视化

数据可视化是科学可视化发展的新阶段，其以网络技术、信息技术、数据仓库技术为基础，重点将数据库中的非空间数据以更加直观的方式表现出来，发现数据间的隐含信息，揭示数据结构关系。单个的图元元素表达数据库中的每一个数据，是数据可视化的基本单元，利用图元元素对信息源的各个属性值进行表示，形成多维图元，并可以从不同的维度深入进行数据分析和观察。通俗来讲，由于当今世界数据量大，每个数值有不同的意义，特别是对于一些经济、金融数据，其不能在一个物理空间进行展示，而数据可视化的方法正是将这些信息在一个二维或者三维的空间中展示，便于人类理解、认识、利用信息，并不断发现其规律和特征。数据可视化在金融领域的重要应用如股票市场的 K 线图。

（4）信息可视化

在当今社会，信息更加复杂，很多信息没有集合属性，同时又不具备空间特征，这些抽象信息正是信息可视化研究的对象。信息可视化不仅是信息的可视化表达和分析，还要在大量信息中发现有价值信息，并深入挖掘隐藏在抽象信息背后的信息和信息彼此间的信息。知识发现和价值创造已经成为了信息可视化的两大功能。信息可视化在不断向更深、更宽的层次应用，信息可听化与信息多通道是两个重要的发展方向。信息可听化是将信息及联系转化成为听觉信号，以便于人类交流和理解信息[37]。信息多通道是指通过两种或多种信息传递通道（如视觉、语音、震动感觉等），互补地传递信息，使得信息从二维交互向三维交互的方向转变，最终可以实现增大用户信息接收带宽、提高信息接收效率的目标。

（5）知识可视化

知识可视化是在上述可视化理论和方法的基础上，通过作用于人的感官的外在表现形式，构建和传达复杂知识。知识可视化关键在于改善知识在多人中的传递效果[38]，其目的是利用视觉表征手段，让知识在不同的群体间，进行传播和创新。这不同于信息可视化，信息可视化重点强调发现有价值的信息和信息间的规律，知识可视化更加注重利用丰富的作用于人的感官的表现形式，促进群体间信息的传递和不断创新。知识可视化要重点解决的问题为信息过载问题、信息曲解问题及信息误用问题。

（6）知识域可视化

知识域可视化主要研究对象为某一知识领域，对知识领域内容的结构进行可视化表达[39]。知识域可视化是人类认识不熟悉的知识领域的一种触发器。同时，对于熟悉此知识领域的用户，知识域可视化可以通过交互式系统，首先总体理解此知识领域，其次可以对知识领域的结构内容进行修改和重建，最终用户可以高效认识知识领域中的概念和概念间的关系。知识域可视化可以通过将知识领域不同单元间的关系可视化，来揭示知识领域的发展方向和规律。知识域可视化在目前应用处于起步阶段，主要对某个知识领域的科技文献进行可视化，其常用的方法来源于情报学，主要包括寻径网、共引法、空间向量矩阵、自组织地图等。

2.1.2 现代信息可视化及研究模型

现代信息可视化是在计算机网络技术、信息技术、虚拟现实技术、电子商务技术、通讯技术等新兴科学技术发展的基础上，产生的一种交互式可视化理论、技术和方法。安德鲁斯（K. Andrews）认为信息可视化的本质是对信息的数据表示，而其目标是对抽象信息的空间与结构的理解与认识。汉拉恩（P. Hanrahan）将非空间数据作为可视化的研究对象，得出了信息可视化是对其抽象和关系的描写，这是信息可视化的精髓。

施奈德曼（B. Shneiderman）提出信息可视化展示的是信息特征，并对孤立点、模式、差别、聚类等信息特征进行了研究，这些信息一般来源于较为复杂的领域，包括股票市场、科学文献、计算机目录、统计数据等[40]。董士海、冯艺东、王坚等（1999）对信息可视化进行了深入研究，认为信息可视化是人机交互技术的一个组成部分，是人与信息间的一种可视化界面[41]，信息可视化是在人机交互技术的基础上，进一步研究人、计算机表示的信息，以及信息间相互关系和影响[42]。

从以上研究可以得出，现代信息可视化要明确两个问题，其一是信息可视化的对象，主要是指一些特定的信息，一般高维信息、非数值信息和非空间信息更需要进行可视化；其二是信息可视化的目的，是为了更好地观测、理解、认知信息的表面特征和内部特征。现代信息可视化是利用计算机技术、网络技术等，以认知化、智能化、智慧化为目标，采用交互式的表现形式，主要对高维信息、非空间信息、非数值信息进行可视化表示。

信息可视化模型是对信息可视化中对象、过程、数据、关系的抽象，运用字母、符号、图形、箭头、连接线等，描述信息可视化中客观事物、隐含信息及其信息间关系的表达式、示意图等。由于信息可视化系统较为复杂和庞大，所以信息可视化模型可以帮助人类分析和设计信息可视化系统。当前，具有一定代表性的信息可视化模型主要包括：

（1）信息可视化参考模型

信息可视化参考模型是研究信息可视化过程的面向过程的信息系统模型，如图2-2所示[43]。原始数据是信息可视化的基础，从原始数据到用户所需要的视图经过一个过程：首先，将原始数据通过数据变换的方式，映射成特殊形式数据，比如说数据表；其次，数据表在可视化映射的作用下，转换成可视化结构，这类可视化结构具有空间特征，同时具有符号标记和绘图工具；再次，通过包括位置定义、比例缩放、裁剪等视图变换，将可视化结构创建为可以提供给用户信息的视图。信息可视化参考模型中，从数据表向可视化结构转换一步是模型的核心，由于信息可视化研究的主要是抽象信息，一般没有自然或者明显的物理表现形式，不能映射到物理空间，因此，如何寻找空间映射将数据表转换成具有空间特征、标记符号等的可视化结构，这是设计的难点。

（2）信息可视化数据状态参考模型

信息可视化数据状态参考模型是从数据状态转化的角度，提出的对于信息可视化技术分类的模型，如图2-3所示[44]。数据状态类型和转换算子是信息可视化技术分类方法着重要考虑的两个重要方面[45]。信息可视化数据转化过程经历四个状态，值是指原始数据，通过值状态算子对原始数据进行过滤，从而进行数据转换，生成分析抽象格式；分析抽象是指元数据或者信息，通过分析状态算子进行抽象过滤处理，选取一个分析抽象格式，进行可视化转换，形成可视化抽象；可视化抽象是指利用可视化技术显示在屏幕上的信息，通过可视化算子进一步过滤，并形成基于坐标轴的映射，通过视觉转换，形成了可视化结果，将可视化信息利用视图进行表达；视图通过视图状态算子不断优化、过滤，最终成为了用户能够看到的图片。

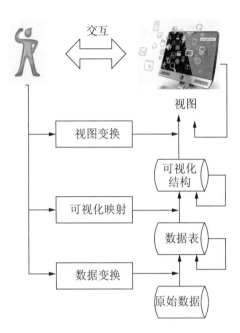

图 2-2　信息可视化参考模型

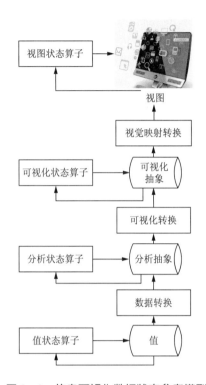

图 2-3　信息可视化数据状态参考模型

（3）RDV 系统结构模型

RDV 模型是在前两种信息可视化模型基础上，从可视化问题的特殊性出发，结合代数系统的原理，研究组成可视化系统的构成因素和各个因素间的关系的模型，如图 2-4 所示[46]。RDV 模型由三个层次和一个映射过程、一个析取过程组成。三个层次包括原始数据层、特征与关系层、视图对象层，而析取就是从原始数据层通过可视化数据转换到特征与关系层的过程，映射是指特征与关系层的信息对应到视图对象层的过程。特征与关系层与视图对象层，在横向有多个映射系统 (D_i, V_i, f_i)，而对应每一个映射系统，均有一个析取过程 t_i 与之对应。从 RDV 模型特点来看，RDV 系统独立性表现在三个方面，包括 (D_i, V_i, f_i) 系统内部 V_i 与 D_i 之间存在独立性，不同的 (D_i, V_i, f_i) 系统间具有相对独立性，(D_i, V_i, f_i) 系统其相对于原始数据层具有独立性。另外，RDV 系统还具有易扩展性和易商品化性。

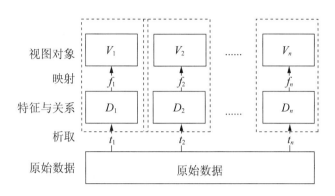

图 2 - 4　RVD 系统结构图

2.1.3　可视化管理及研究框架

信息可视化在管理方面，现代信息可视化管理主要是指利用信息技术、计算机技术、网络技术等，以可视化的信息系统为基础，对管理活动进行全过程高效管理，包括对于信息进行实时采集、高效传输、智能处理、可视化展示，不仅对信息本身，更重要的是对信息隐藏的内涵及信息间的关联关系，进行直观的视觉表示，从而达到提高管理效率、降低管理成本和损耗的管理目标，并最终提高组织的自我学习能力，建立一套科学的现代化管理模式[47]。

可视化管理的理论框架构建是研究信息可视化的基本问题，也是学科研究的核心，可以为可视化在各个方面的研究提供指导和研究途径。可视化管理的理论研究框架由五个层面组成，包括研究基础、理论目标、理论内容、研究范式、概念。具体如图 2 - 5 所示。

（1）概念层

概念层处于可视化管理研究框架模型的顶端，起到了对模型中其他各个层次理论指导的作用。概念层主要包括可视化管理概念、内涵、特征、内容等基本定义。前文已对可视化管理概念进行了阐述。

（2）研究基础层

研究基础主要包括方法论、理论基础、技术基础。方法论是人类对客观世界的认识和改造形成的普遍规律和方法，也为信息可视化、可视化管理理论体系的构建，提供了根本途径，技术基础包括现代计算机技术、网络技术、信息技术、虚拟现实技术、可视化技术等。

（3）理论目标层

理论目标层主要由数字化、智能化、智慧化三个目标构成，其中数字化是要求最先达到的目标，进而实现感知化、智慧化。数字化是指科学计算可视化主要实现的目标，其将管理活动中形成的大量的人、财、物等数据进行实时传输和可视化表达；感知化是数据可视化和信息可视化主要实现的目标，其重在对数据的处理和加工，发掘隐含的信息，主要利用数据挖掘技术和图像处理技术，并不断提高数据处理的效率；智慧化是知识可视化的主要目标，主要手段为知识发现技术，其重在数据深层次的挖掘和利用，并智能提出决策依据，最终实现知识创新。

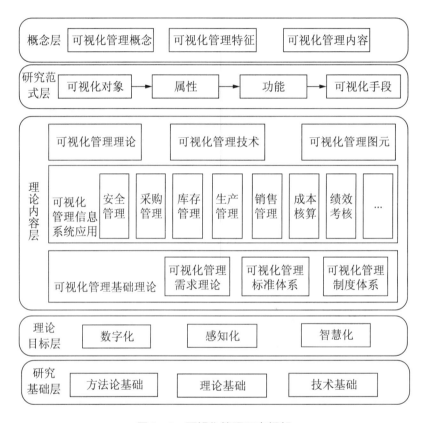

图 2-5　可视化管理研究框架

（4）理论内容层

理论内容层是可视化管理研究框架的主体部分，主要包含可视化管理基础理论、可视化管理信息系统应用、可视化管理方法研究。

可视化管理基础理论又包含可视化管理需求理论、可视化管理标准体系、可视化管理制度体系。可视化管理需求理论主要研究在管理过程中，可视化的方法与手段对不同的管理主体、不同的管理职能和业务流程、不同的管理客体和对象，其需求程度存在的差异，明确在管理过程中可视化的需求点和可视化内容；可视化管理标准体系是指导可视化管理在实际应用过程中，实现统一化、规范化的有力保障；可视化管理制度体系给出在运用可视化方法和手段进行管理过程中，要遵循的管理原则和制定的相关制度。

可视化管理信息系统的构建和应用是可视化管理理论和实践相结合的重点研究内容，主要研究管理信息的采集、整合和表达三个纵向过程，以及生产管理、供应链管理、成本核算、销售管理、绩效考核、安全管理、人力资源、质量管理、财务管理等横向管理工作。

可视化管理方法研究主要从三个层面展开，包括可视化管理理论、可视化管理技术、可视化管理图元体系。可视化管理理论研究结合目视管理、全面质量管理、"6σ"管理、看板管理等管理学基本理论，构建可视化管理具体理论框架；可视化管理技术重点研究虚拟现实技术、图形处理技术、网络技术、计算机科学技术等在企业管理过程中的应用，形成切实可行的应用思路和途径；可视化图形的展现是通过图元的各种组合及图元属性的调整实现的，主要对可视化管理图元分类、构成进行研究，组成可视化管理图元体系，进而对图元间组合和拼接方法进行研究，实现各类管理信息快捷、准确地生成可视化视图的目标。

（5）研究范式层

研究范式层重点为可视化管理信息模型、可视化管理信息系统的开发和设计提供研究思路和指导。在现代信息可视化的研究基础上，按照"可视化对象——对象属性——可视化功能需求——可视化手段"的途径，进行可视化管理范式研究。要首先确定可视化管理信息系统针对的可视化对象，分析对象存在的属性，并建立属性与可视化管理实现手段的对应关系。

可视化管理研究框架体系系统阐述了可视化的方法和手段在管理中应用研究的三个基本问题，即可视化管理的概念和内涵、可视化管理实现的目标和效果、可视化管理研究范式和信息系统应用。可视化管理理论体系已经初步建立，但其中的针对某个领域的具体问题有待于进行深入研究，可视化管理会继续朝着知识创新、智能数据挖掘的方向不断发展。

2.1.4　可视化技术及系统研究

伴随着信息可视化理论的发展，可视化技术在不断发展进步，其将抽象的、隐藏的、非空间的各类数据进行可视化表达。在信息可视化发展历程来看，不同的可视化阶段进行可视化的技术和方法不同，具体如表2-1所示。

在可视化技术发展和深入研究的基础上，可视化管理信息系统（MIS）的研究近年来发展较快，主要研究成果如表2-2所示。

表 2 - 1　可视化技术研究

序号	可视化阶段	可视化技术	应用领域
1	科学计算可视化	数据在线挖掘 成分分析 因子分析 体绘制技术 面绘制技术 集几何等值线技术	地理地质研究 地球气候研究 机械工程研究等[48]
2	数据可视化	枝形图标技术、平行坐标技术、层次结构技术、面向像素技术	市场竞争研究、行业发展研究、投资与风险研究、金融数据信息研究等
3	信息可视化	锥形图技术、人机交互技术、Brushing 技术、Focus 与 Context 技术、鱼眼视图技术	信息资源管理、信息检索、图书分类管理、信息源管理等[49]
4	知识可视化	视觉表征技术、寻径网、共引法、空间向量矩阵、自组织地图	某个知识领域、科技文献等

综合上述可视化技术和可视化管理信息系统研究成果，主要情况和问题如下：

（1）对可视化技术研究较为成熟，出于不同的可视化目的，在不同的可视化应用领域，均有典型的可视化技术作为手段，解决不同的可视化问题。可视化技术技术发展成果较为丰富，但是可视化在管理方面的应用较少，多集中在地质、工程、气候、情报、航天等领域，缺乏科学系统的可视化技术在管理学，特别是安全管理方面的应用理论和实践方面的研究。

（2）可视化管理信息系统（MIS）研究还停留在起步阶段，特别是在企业管理、安全管理、政府管理方面，研究停留在理论模型的构建和简单的数据处理，缺乏系统的理论和方法作为指导，特别是在地下空间安全管理方面，如何利用可视化技术，缺乏相关研究。

表 2 - 2　可视化管理信息系统研究

序号	年度	研究人员	研究领域	研究内容
1	1994 年	沃耐克（Wernecke）	阿米拉（Amira）系统	系统开放、面向对象，通过模块访问数据[50]
2	2002 年	胡太银	可视化色彩管理工具	运用可视化方法，构建了完整的色彩可视化工具[51]
3	2005 年	李政、李卫中等	可视化资产管理信息系统	系统将图纸资源与房屋资产基本数据相结合[52]
4	2009 年	张会平、周宁	政府隐性信息资源挖掘	利用可视化技术，挖掘政府隐性信息数据，研究挖掘过程的关键问题[53]
5	2010 年	陈光	系统开发平台模型	系统以用户需求为出发点，覆盖经营管理各项活动，系统能够实现整体集成和灵活调整[54]

表 2-2（续）

序号	年度	研究人员	研究领域	研究内容
6	2010 年	夏敏燕、汤学华等	人-机信息交换	提出反馈界面与操控是人－机信息交换的关键手段，并进行设计和作用研究[55]
7	2011 年	郭西荣、黄鹏等	卫星遥感 3D 可视化信息系统	系统对卫星数据进行可视化处理，包括三维可视化、数据统计、信息挖掘[56]

2.2 安全管理理论与研究

安全管理就是组织或企业管理者，为实现安全目标，按照安全管理原则，科学地决策、计划、组织、指挥和协调全体成员的保障安全的活动。安全生产管理是指国家应用立法、监督、监察等手段，企业通过规范化、专业化、科学化、系统化的管理制度和操作程序，对生产作业过程的危险有害因素进行辨识、评价和控制，对生产安全事故进行预测、预警、监测、预防、应急、调查、处理，从而实现安全生产保障的一系列活动。

安全管理理论的发展大致经历了四个阶段：第一阶段：从工业社会到 20 世纪 50 年代，在事故致因分析理论基础上，主要发展了事故学理论，是经验的管理方式，被称为传统安全管理阶段；第二阶段：电气化时代，在危险分析理论基础上，发展了具有超前预防型的危险理论，提出了规范化、标准化管理，被称为科学管理的初级阶段；第三阶段：信息化时代，在风险控制理论基础上提出了具有系统化管理特征的风险管理，是科学管理的中级阶段；第四阶段：20 世纪 90 年代以来，主要发展了现代的安全科学原理，以本质安全为管理目标，推进文化的人本安全和强科技的物本安全，实现安全管理的理想境界。

安全管理相关理论是进行地下空间管理的重要理论依据，对研究地下空间安全管理业务流程、安全可视化管理的方法和手段、安全可视化管理信息系统具有重要意义。

2.2.1 安全管理理论内涵及方法

安全管理是指组织或者企业为实现安全目标，采用安全管理方法，科学地进行计划、组织、领导和控制，从而保障安全的活动。安全管理从国家和企业两个层面实施，国家层面的活动主要包括立法、监控、监察等；企业层面主要是在安全制度的保障下，利用科学的管理方法和手段，辨识、评价和控制生产过程中的危险源与有害因素，预测、预警、预防相关安全事故，并在事故发生时做好应急、处理和调查工作，最终达到保障安全的目标[57]。

安全管理理论的基本理念主要包括：第一，系统安全理念，从效能、费用、使用时间、安全工程技术、危险等各个方面进行安全管理与控制；第二，本质安全理念，进行全面的安全目标管理，保证生产过程中组织、对象、系统、制度、流程等安全可靠和统一协调；第三，预防为主理念，预先发现、分析、判别危险源和安全风险，并采取措施及时处理和控制，防止事故发生；第四，定量安全分析理念，运用数学模型和数学统计方法，对安全数据进行深入挖掘，揭示其内在规律，为科学管理提供依据[58]。

利用现代安全管理方法和技术进行企业安全管理，已经成为了企业发展的必由之路。现代安全管理理论也是管理工程中最前沿、最活跃的发展领域。现代安全管理相关理论和方法分为两个层次，从综合管理角度来说，有安全经济学、安全协调学、安全系统管理、安全目标管理、安全标准化管理、安全技术经济、事故预测与预防理论、HSE 管理体系等理论与方法；从基层和现场安全管理角度来说，有危险源辨识理论、安全闭环管理理论、风险分级评价、PDCA 循环、班组安全建设、PHA 过程危险分析、事故判定技术、系统安全分析等理论与方法。

2.2.2　安全管理理论发展演化

随着人类社会的发展与科学技术的进步，安全科学逐步建立，从低级走向高级，起到了不断保障人类安全的重要作用。在工业革命以前，人类以手工业和农牧业为主要产业，经验是人处理问题的主要依据，人类更多的是承受自然和人为的灾害和事故。17 世纪工业革命的兴起，使人类进入了蒸汽时代，一直到 20 世纪初，人类通过事故和灾难，逐步形成局部安全意识，本阶段的安全管理主要是事故型管理模式，主要在事故发生后通过现场调查、原因分析，找到事故原因并制定整改措施，主要以人的经验进行判断。20 世纪初到 20 世纪 50 年代，电气化改变了人类生产与生活，从人、机器、环境、管理等多个方面综合考虑，形成了系统安全理论，本阶段的安全管理主要是缺陷型管理模式，主要在查找缺陷、分析原因的基础上，找到关键问题，并实施整改，具有一定的超前性、预防性，但不具有系统性、主动性、实时性。20 世纪 50 年代以来，信息化蓬勃发展，安全科学从人、机器、环境的本质安全出发，建立预防型安全系统，并建立发展了风险管理理论，本阶段的安全管理是风险型管理模式，在全面识别风险和科学分级的基础上，制定风险防范方案，建立风险预警体系，进行风险预控和削减，其特点为过程系统、主动参与、动态防范。

在安全管理理论发展过程中，主要从传统视角的安全管理和系统视角的安全管理两个角度进行研究。传统视角的安全管理研究方面，密金森（N. Mitchison）等（1999）认为安全管理系统是由人、组织、技术及活动、主观行为、计划等组成的，而安全管理是制定安全政策并进行实施的全部功能[59]。陈宝智（1999）对安全管理全过程进行研究，认为通过对人力、物力、财力的计划、组织、控制、协调来预防和消除不安全行为，避免伤亡事故。传统视角的安全管理主张利用传统管理学的计划、组织、指挥、领导等职能进行安全管理，并将事故发生概率降到最低，比较适合传统的生产型企业[60]。

20世纪60年代，集约化和规模化发展的制造业推动了安全管理向安全系统工程方面发展。系统安全管理成为了研究热点。丽莎·罗纳德（LisaA. Ronald）（1998）强调了安全管理的全员性与全过程性，认为安全管理系统包括人机设计、以人为本的安全文化、积极的领导、有力的管理和健康促进程序、安全激励与培训等，在整个系统中，安全管理和监督部门要做好监督管理工作，不断支持安全及健康工作流程，保障系统安全[61]。哥吉（K. GIllGurjeet）等（2004）在研究航空安全系统时，提出积极的安全文化对于安全管理系统效能的提升具有重要作用，安全文化在安全系统中能够提高各部分的效能，从而使安全系统能够更加高效运转，也开启了安全文化对安全管理系统效能研究的新领域[62]。

一个世纪以来，安全管理从早期侧重事故事后管理，即事故发生后围绕事故进行调查，到以安全系统工程为基础的预防型超前管理，再到以本质安全为目标的风险与隐患控制，安全管理理论在不断完善。安全管理的发展与变化主要体现在三个方面：第一，从管理对象上来看，从近代的对于事故的管理，发展到了现代的隐患管理，原来仅仅围绕事故本身进行分析和调查，现在对危险进行分析与控制，不断揭示隐患管理的机理；第二，从管理过程来看，从早期的事后管理到现在的超前管理、预防管理，安全管理被确定为人类防范事故的三大对策，科学的安全管理从系统安全的角度，对人员、环境、技术等进行控制协调；第三，从管理技法来看，从传统的检查、行政管理，发展到以人为本、科学管理、文化管理等方法与手段的综合运用。

2.2.3 事故致因理论

随着科学技术与生产不断发展，人类在发展的各个阶段对事故发生类型和规律的认知不断变化，从而研究事故发生的规律性，定性与定量分析事故原因，并在此基础上加以总结和提炼，得到的反应事故机理的相关理论，就是事故致因理论。事故致因理论不仅分析事故的原因，还对事故的预防和安全管理工作的改进发挥了重要作用。按照人类对事故原因的认知和理解的不断深入，出现了十几种事故致因理论和事故模型[63]。事故致因理论对于研究地下公共空间安全事故的发生和处理过程具有一定的指导作用。

事故致因理论最早是由海因里希（Heinrich HW）提出的因果连锁理论[64]，从这以后，由于安全管理科学不断发展，越来越多的事故致因模型不断产生，博德（Frank Bird）[65]、亚当斯（Adams）[66]、北川彻三[67]继续发展了事故因果连锁理论；吉布森（Gibson）[68]、哈登（Haddon）[69]、麦克兰特（Mc Farland）等从能量意外转移的角度，分析事故发生的原因，建立了能量意外转移理论；海尔（Hale）的"海尔模型"[70]、威格尔斯沃思（Wiggles Worth）的"人失误的一般模型"[71]、瑟利（Surry）的"瑟利模型"、安德森（Aderson）的"对瑟利模型的修正"[72]、劳伦斯（Lawrence）的"金矿山人失误模型"[73]等从人体信息处理过程中人失误的角度，分析了事故发生的原因；本尼尔（Benner）[74]、约翰逊（Johnson）[75]等人从动态变化角度，提出了扰动起源事故理论和变化——失误理论。下文将阐述其中部分理论。

（1）海因里希的因果连锁理论

20世纪30年代，美国学者海因里希对75000起工业事故进行了调查分析，发现伤亡事故的发生并不孤立，而是一系列有关系的因素相继发生的结果。如同五块多米诺骨牌一样，第一块骨牌的倒下会导致后边的骨牌连锁倒下。海因里希将事故发生的五种影响因素归纳为：M—由于遗传或者社会环境造成的人体本身的原因，包括固执、鲁莽的性格；P—人为过失或者人的缺点；H—由人的不安全行为或者物的不安全状态引起的危险性，例如未发出信号就开始吊装重物、未安装防护装置即开始施工等；D—发生事故；B—损害或者伤亡。

如果用 A_1 至 A_5 来表示五块多米诺骨牌即上述五种因素，A_0 表示伤亡事故发生事件，P（A）表示事件 A 发生的概率。海因里希连锁理论认为，事故发生需要五块多米诺股票均倒下，即：

$$A_0 = A_1 A_2 A_3 A_4 A_5 \quad \cdots\cdots\cdots\cdots\cdots\cdots\cdots\cdots\cdots\cdots\cdots \quad (2-1)$$

$$P(A_0) = P(A_1) P(A_2) P(A_3) P(A_4) P(A_5) \quad \cdots\cdots\cdots \quad (2-2)$$

按照海因里希的因果连锁理论，P（A_i）都小于1（$i=1$，$2\cdots5$），则 P（A_0）远远小于1，说明伤亡事故发生的概率非常小。如果其中一个 P（A_i）$=0$，即抽去了一个多米诺骨牌，则 P（A_0）$=0$。

通过上述分析可以看出海因里希的假设过于绝对化了，各个骨牌间的关系远非依次倒下这么简单，而是相互之间关系复杂且随机，前面的因素可以导致后边的因素发生，也可能不发生，并且事故并不全部造成伤害，不安全状态也不会一定造成事故。但是，海因里希的因果连锁理论为事故致因理论的发展奠定了基础[76]。

（2）能量意外转移理论

20世纪60年代初，吉布森（Gibson）、哈登（Haddon）提出了能量意外转移理论。他们提出了一种不希望的、不正常的能量释放，并转移至人体，导致事故的发生。人类在利用能量做功的过程中，要不断控制能量，避免能量发生异常或者意外的释放，能量作用于人体，如果超过了人的正常承受能力，最终会导致事故的发生和人的伤亡。

麦克法兰特（Mc Faland）认为各种形式的能量是伤害的直接原因，当机体组织接触了超过人类抵抗力或者损伤阀值的某种形式过量能量（例如4.9N的力打击人体的后果是轻微擦伤皮肤，而68N的力打击人体头部会造成骨折），或者某些因素干扰了机体组织与环境的能量交换（例如溺水、冻伤、CO中毒等），会直接导致伤害。

能量意外转移理论将控制事故发生的主要原则归结为控制能量源及能量传送装置，但是在工业伤害事故中，意外转移的机械能是导致事故发生的主要因素，理论实际应用中困难重重，缺少对机械能分类的细致研究。

（3）瑟利模型

20世纪60年代末期，瑟利（Surry）从人的信息处理过程中失误的角度，提出了瑟利模型，其将事故发生的直接原因归结为人在信息处理过程中的失误。危险出现与危险释放两个过程，是瑟利模型从人的信息处理角度划分的两个过程。瑟利模型将人的认知过程与事故的发生过程进行了融合，将人的认知过程分为了感觉、认识、行为响应三个过程，危险出现和释放方面均分解为是否有警告性线索、是否感觉到警告性线索、是否认知到警告性线索、是否知道如何避免、是否决定采取行动、是否能够避免。第一个问题回答否定，则危险即将出现，第一个问题回答肯定，接着回答第二个问题，以此类推，如果六个问题均未出现否定答案，则危险不会发生。瑟利模型更加适用于发生速度很慢的事故，很好地描述了事故发生过程。具体如图2-6所示。

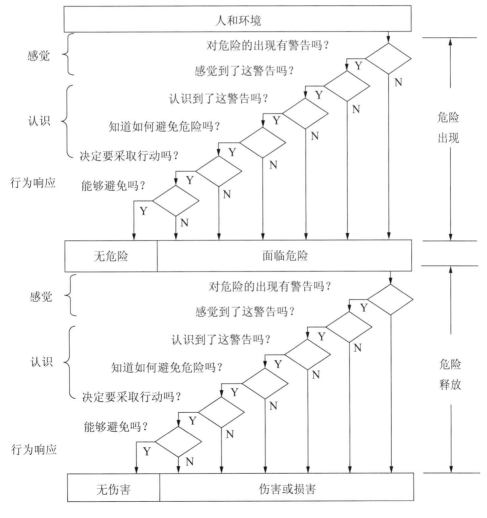

图2-6　瑟利模型

2.2.4 安全管理信息系统研究

安全管理信息系统是信息论以及信息科学在安全管理领域的重要应用，是重要的安全信息处理技术。安全管理信息系统重在对于安全资料和数据等信息的收集、整理、使用、分析等，并为安全管理者提供查询、统计、分析、决策的信息和功能。安全管理信息系统研究是现代信息技术和安全管理理论的有机结合，推动了我国工业化与信息化深度融合发展。安全管理信息系统在系统安全管理理论、安全管理闭环理论、安全致因理论的基础上，结合信息技术、物联网技术、虚拟现实技术等，对安全管理理论向新的方向进行的重要探索。安全管理信息系统研究 W 年来，呈现出理论研究逐步完善、研究领域扩大、不断与新技术融合的特点，安全管理信息系统研究趋势如图 2-7 所示。

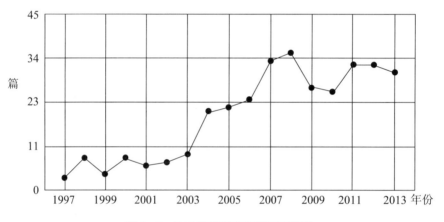

图 2-7 安全管理信息系统研究趋势

安全管理信息系统理论研究层面，郝秦霞，赵安新，卢建军（2008）重点研究了安全信息资源共享标准化问题，针对安全信息共享标准现状和问题，建立了安全信息共享标准体系[77]；孙继平（2010）对矿井产量监控系统、井下通讯系统、人员定位系统等安全管理综合自动化系统的研究和设计情况进行了归纳和总结，重点分析了煤矿监控系统，并对通信技术未来发展进行了研究[78]；姚有利（2010）以人-机-环安全系统为对象，重点研究了系统中安全事故的发展机制，提出系统的混沌性要求始终保持系统控制熵为负值，才能保证系统的本质安全[79]；王军号，孟祥瑞（2012）将物联网技术运用到安全管理信息系统中，通过物联网技术设计了分布式星状无线传感器网络，并对安全信息和数据的融合算法进行了研究[80]；孙彦景，左海维，钱建生等（2013）重点研究并设计了煤矿安全生产监控系统，综合考虑煤矿生产中的人员、生产过程、机械设备、安全信息、环境等，并将数据进行关联分析，对煤矿生产事故预测预警、应急救援等具有重要的理论意义[81]。

在安全信息系统实践方面，赵作鹏，尹志民等（2010）重点分析和设计了安全隐患全过程管理信息系统，将安全隐患情况可视化表达，并构建了安全隐患可视化表达模型，并对安全隐患数据的挖掘和转换等进行了深入研究[82]。张广超（2010）在对电子地图和空间数据库技术方法和模型研究的基础上，设计了交通安全信息系统，将电子地图引擎、事故原因分析和简图绘制等功能于一体，实现了交通安全信息的采集和统计的目的[83]；邢存恩（2011）将地理信息系统、可视化技术、数据库技术等，运用到煤矿采掘过程中，设计并开发了采掘工程动态信息系统，实现了计划管理、测量填图、可视化建模、安全信息管理等功能[84]；王建强（2013）建立了"矿山三化"（综合自动化、工程数字化、管理信息化）信息系统模型，并在潞安集团司马煤矿推广使用，实现了对安全信息的全面采集和传输，并为管理决策提供依据[85]。郑立新（2013）对石油行业安全管理信息系统进行了研究和设计，采用 B/S 结构模式，实现了安全办公信息化，并将安全风险及安全隐患纳入系统进行全过程管理，实现了安全事故有效应对和安全预案管理等功能[86]。

在总结归纳了安全管理信息系统相关研究后，发现安全管理信息系统研究总体情况和问题如下：

（1）安全管理信息系统的研究现主要领域多集中在煤炭、石油、交通、航空等领域，而建筑行业，由于其施工过程涉及大量的人、财、物等信息，安全管理工作至关重要，但是在建筑行业，特别是地下空间安全管理方面，缺少针对性研究。

（2）现阶段安全管理信息系统研究主要是在对信息技术、物联网技术、GIS、CAD 等技术与方法深入研究的基础上，构建信息化模型，并设计开发系统，而将信息可视化技术引入安全管理，并系统研究其作用机理、作用方式及效应，构建可视化系统的研究成果非常少，仍处于起步阶段。

2.3 认知工程学理论与研究

认知工程学理论是对地下空间安全可视化管理的认知过程、认知效率研究的基础，指导地下空间安全可视化管理认知实验的设计。认知工程学又称为界面科学，是在 20 世纪 50 年代，由诺曼（Norman）和拉斯马森（Rsmuseen）分别提出的。认知工程学的理论基础为认知心理学，其研究途径从人的特性和行为出发，首先研究人感知信息，然后研究如何加工信息，将信息由单一的、无关联的，转化为综合信息，在此基础上，层层递进，研究综合信息向决策依据转变过程。

2.3.1 认知过程模型研究

人的视觉认知过程是一个复杂的多学科交叉的过程，主要包括神经生理学、认知科学、计算神经科学等，视觉是人体接受环境信息的最主要感觉，有研究显示视觉接受的信息量占输入人脑信息量约80%[87]。认知过程的研究从20世纪50年代开始，爱德华·托尔曼（Edward C. Tolman）提出了"中介变量"标志着认知过程研究的开始，经过了让·皮亚杰（Jean Piaget）的图示模型[88]、凯斯（R. Case）的控制性结构模型[89]、哈肯（H. Haken）与普里果金（Prigogine）的自组织模型[90]、认知综合模型[91]等发展过程。

综合以上研究发现，人的视觉认知过程包括四个环节，即：视觉、知觉、记忆、思维。其中知觉是人脑对直接作用于视觉的客观事物整体属性的反应，分为空间知觉、时间知觉与运动知觉。记忆是由识记、保持和重现三个环节组成的复杂的心理过程，又包括短时间记忆、长时间记忆、感觉记忆。思维过程是对记忆的信息进行间接、概况地加工和处理的过程，又可分为动作思维、形象思维、抽象思维三种类型。对以上认知工程学人的认知过程研究加以归纳，人的认知过程模型如图2-8所示。

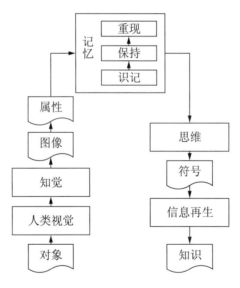

图2-8 人的认知过程模型

2.3.2 计算机认知模型研究

对于计算机认知过程及原理的研究主要集中于人机工程学的相关人机互动技术研究。王志良、郑思仪、王先梅（2011）等对心理认知计算的研究现状及发展趋势进行了全面整理和总结，梳理了人机交互技术、认知计算技术的发展过程，建立了人类及计算机的认知过程模型[92]。在认知过程模型及其应用的基础上，对计算机信息系统认知过程进行研究，具体如图2-9所示。

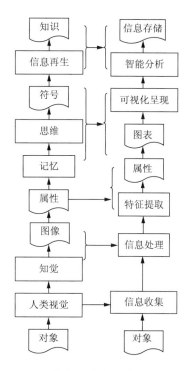

图2-9　信息系统认知过程设计思路

计算机信息系统认知原理是以人的认知过程为基础，形成了一对一、一对多、多对多的对应关系，计算机信息系统认知与人类认知协调统一，并以此作为信息系统设计开发的原理，大大促进了信息系统的可视化水平，并能提高人的接受程度。其对应关系如下：

（1）"人类视觉——信息收集"对应

人类的视觉过程对应计算机信息系统的信息收集过程，此过程通过温度、压力、浓度、电力等传感器以及射频识别、多媒体采集、定位技术、无线红外技术等，收集相关信息。通过以上技术手段对信息进行收集，能够大大扩展人类视觉收集信息的范围，为下一步进行信息的加工打下良好基础。

（2）"知觉等——信息处理"对应

人在视觉接受信息后，会通过知觉对信息进行反应，形成图像。此过程对应到信息系统中来，即为信息处理的过程。计算机信息系统通过数据挖掘、数据抽象等过程，对传感器及相关技术手段收集的信息进行初步加工，并存储到系统数据仓库中。

（3）"属性——特征提取等"对应

人类的认知过程在头脑中形成图像后，会对其图像中的相关属性进行提取，主要集中和注意影响大、有变化的关键属性，从而进行更好的抽象和数据集中。对应到信息系统中，此步骤在信息提取和存储后，同样要对信息的特征进行提取，找到对于整个系统安全管理最重要的信息，并对其属性进行描述和分析。

（4）"思维等——可视化呈现"对应

人类在提取得到关注的属性后，往往进入一个短时记忆的过程，并进行思考，包括对信息进行确认、原因分析、办法分析等，然后再对思考形成的信息进行抽象，形成符号等。而计算机信息系统则在得到属性后，通过映射转换，并结合图元文件，形成图表等可视化信息，经过渲染后，进行可视化表达，可以表达问题的位置、原因、处理流程等信息。

（5）"知识等——智能分析等"对应

人类在思维后形成的成果经过一个再认识和知识再生的过程，最终形成自身的知识。而计算机信息系统也会经过一个再次认识和加工的过程，对信息进行智能分析，为管理者决策提供依据，同时形成知识，将信息进行储存，进入知识管理的过程。

认知工程学对于人的认知过程和计算机的认知模型的研究，对于本书两个部分研究具有重要的指导意义：第一，为地下空间安全信息的认知过程研究提供思路，并指导相关认知实验的设计和实施；第二，其可视优化系统相关流程，对于安全可视化管理信息系统的设计和开发具有重要指导意义。本书将运用认知工程学相关理论和认知实验的方法，在地下空间安全管理领域，展开相关研究工作。

2.3.3　认知工程学应用研究

认知工程学在各个行业与系统中出现了大量的应用。在界面设计与目标辨识领域，庄达民、王睿（2003）以认知工程学为基础，研究了目标辨识的相关理论和方法。通过认知实验，在颜色角度，得出了人对绿色的识别正确率较高；在一般性辨识角度，得出了0.3秒至0.4秒，可以大幅提高人的目标辨识准确率；在数值运算反应时间角度，得出了3秒时间可以使人对目标的辨识正确率提高到80％以上[93]。宋喆明、熊俊浩、朱坤等（2009）以数字化工业系统认知界面为研究对象，设计了前景与背景的颜色组合识别的认知实验，通过可靠性来反映优劣。得出了绿色前景、黑色背景的组合识别可靠性最高，白色前景、黄色背景的可靠性最低的结论，对于界面优化配置有一定的指导意义[94]。

在城市交通系统研究中，潘玲（2006）在研究驾驶员车辆跟驰模型时，建立了驾驶员认知结构，主要包括三个部分：信息获取、判断决策、反应输出，其中信息获取阶段是在交通环境与道路的感觉登记（即瞬时记忆）的基础上，通过知觉过程，形成抽象的信息，进而促使驾驶员对知觉信息进行选择性集中，引起注意。判断决策阶段主要是在引起注意的信息通过知觉层和模板层进行比较的基础上，进一步形成行动、可能造成的结果的推理图。反应输出阶段就是将推理得到的方案操作汽车完成。余碧莹（2009）从事故风险分析的角度，研究了公路警告标志系统优化设置问题，建立了短时记忆存储、信息前馈处理、信息模板处理、信息推理分析、竞争比较、反应执行、车辆状态变化为主要过程的模型，即驾驶人信息处理结构系统模型，分析了驾驶人信息处理过程，研究了驾驶人对警告标志的感知特性，说明了驾驶员的认知和反应过程存在多个作用因素[95]。

瑟利模型是人的认知过程在安全管理方面的重要应用。瑟利（1969）将认知过程相关理论应用到分析事故致因中，将人的认知过程分为了感觉、认识、行为响应三个过程，将事故的发生过程分为了危险出现与危险释放两个阶段。每个阶段通过六个问题来说明迫近危险与发生伤害的原因。瑟利模型对于危险出现比较缓慢、事故的发生可以通过整改来避免的情况更为适用，同时也适用于危险事故及伤害的预防工作。

第3章 城市公共地下空间安全可视化管理需求研究

城市公共地下空间具有面积大、位置深、救援难、隐蔽性强等特点，如何对城市公共地下空间进行安全管理，成为了当前有待研究的重要课题。本章首先对我国地下空间安全管理的总体情况进行分析，在此基础上运用利益相关者理论和数理统计对应分析方法，分析我国地下空间安全管理利益相关者及其诉求，进而结合安全管理职能和业务流程，深入剖析我国城市公共地下空间安全可视化管理相关需求。

3.1 我国地下空间安全管理特点分析

本书研究的地下空间主要是指城市大型公共地下空间，一般地处城市商业繁华地区，人口、车辆流动性大，商业设施、市政设施多。具有面积大、埋层深、功能全、开口多等特点，主要表现在：

（1）面积大。指一般建筑面积在10万平方米以上，既包括商业空间、地下交通环廊及停车场，还包括综合能源管廊等市政设施。

（2）位置深。一般大型公共地下空间在地下分为三层至四层，商业空间、停车场等分布在地下一、二层，交通环廊分布地下二层至三层，综合管廊在地下三层至四层。

（3）功能全。大型公共地下空间在设计时，一般都集商业经营、地下停车、防空、市政管线和交通等功能于一体。

（4）开口多。主要体现在两方面：其一，是地下空间到地面的疏散通道和出口多。根据北京市中关村地下空间的调研，共有56个疏散通道，40多部电梯；其二，是和其他二级地块的地下联系通道多。中关村地下空间与22个二级地块之间都直接地下通道相连。

基于我国城市公共地下空间的特点，对安全管理工作也提出了很大挑战，下文将从安全管理主体、安全管理对象、安全管理职能、安全管理特殊性四个方面，对我国城市公共地下空间安全管理特点进行分析。

3.1.1　安全管理主体分析

在安全管理主体上，法律规定的双轨制与实践中各个城市不同的管理模式成为了我国地下空间管理的显著特征。经过查阅我国相关城市公共地下空间管理办法，总结归纳了我国地下空间安全管理主体的主要特点如下：

（1）多头管理现象严重

在城市公共地下空间安全管理方面，人防部门、建设部门、规划部门起到了重要作用，另外，市政、工商、物价、房管、城管、安监、卫生等部门也在其负责的领域行使职权。城市公共地下空间的安全管理主体多样，各自为政，缺乏统筹规划，既增加了行政成本，也额外增加了企业的经营成本。另外，容易带来管理上的无序和混乱，一旦发生突发事件，难以实施统一联动的突发事件应对机制。

（2）牵头部门控制协调能力弱

在天津、深圳、南昌、沈阳、杭州、郑州、本溪等城市，颁布了城市公共地下空间管理规章制度，确定了某个部门为城市公共地下空间管理的牵头部门，但是由于牵头部门和另外的其他部门平级，表现出了统筹协调能力较弱，对其他部门无法进行有效控制。

（3）工作效率不高，容易出现推诿现象

在上海、兰州、北京、济南等城市，地区政府通过行政法规的形式，明确了地下空间管理由市政府办公厅、综合协调机构等部门牵头，此种管理体制从表面上看，既克服了城市公共地下空间多头管理的弊端，同时市政府办公厅及综合协调机构又能够对其他部门进行有效控制，统筹协调开展工作。但是，在北京、上海等地的执行情况上来看，又表现出了牵头单位专业性不强、组织运作效率较低、推诿扯皮现象严重等问题。

（4）突发事件应急机制有待建立和完善

当前我国城市公共地下空间安全管理体制上存在较大问题。地下空间的相关数据信息被分散于不同管理部门中，使得在安全突发事件的应急管理上形成了单灾种的安全管理体制。而单灾种安全管理体制造成了在城市公共地下空间灾害事故管理上的部门分割，没有形成统一的管理平台，各管理部门缺乏有效的信息沟通机制。因此，一方面加大了综合管理的难度，另一方面也加大了各部门的协调难度。一旦发生大范围、多灾种的安全突发事件，相关的数据信息不能实现有效的联动，各部门不能及时进行响应和组织全方位应急救援，从而延误了救援工作的展开。

3.1.2　安全管理对象分析

地下空间安全管理对象具有多样化的特点，为了更全面地归纳和总结城市大型地下空间安全管理对象及其特征，选取了北京市中关村城市公共地下空间进行了初步调研，对购物中心、停车场及交通环廊、能源综合管廊、地下办公区域进行了走访，收集相关资料，划分安全管理单元，分析多发事故类型，汇总得出中关村地下空间主要安全管理对象及分布，如表3-1所示。

表3-1 安全管理对象登记与分布表

序号	分布区域	安全管理对象类别和内容	事故隐患	危险类型
1	购物中心商业区域	服装、鞋帽、玩具易燃商品	服装、鞋帽、玩具等易燃商品燃烧	火灾
		燃气灶具	燃气灶具燃气泄漏	
		电力灶具	电力灶具发热燃烧	
		二次装修的柜台、墙面材料	二次装修材料燃烧	
		电力设备	电力设备故障引起发热和燃烧	
			电力设备故障引起大面积停电，造成通风设备停运	停电
		自然灾害	暴雨引起的地下进水，引发事故	水淹
			下雪引起的地下空间出入口结冰	道路结冰
			地震灾害	结构破坏
		人为事故	恐怖活动	火灾、爆炸
			骚乱	踩踏
2	地下停车场及交通环廊	汽车	汽车燃烧爆炸	火灾、爆炸
			汽车故障引起交通堵塞，地下产生有毒气体	空气污染
3	能源管廊	燃气	燃气管道泄漏	火灾、爆炸
		燃气管道		
		水蒸气	热力管道泄漏	蒸汽烫伤
		热力管道		
		自来水	自来水管道泄漏	水淹
		自来水管道		
		电力电缆	电力电缆过载发热燃烧	火灾
4	地下办公区域	办公电器设备	过热燃烧	火灾
		办公用纸、档案资料等	燃烧	
		宿舍电器	过热燃烧	
		易燃物品（如被褥等）	燃烧	

从表3-1统计和分析可知，我国地下空间安全管理对象可以从三个方面进行分

析，主要包括：地下空间区域、地下空间市政系统、地下空间易发灾种及突发事件。在对中关村地下空间安全管理对象进一步梳理、分类和总结得出了地下空间安全管理对象分类图，如图3-1所示。

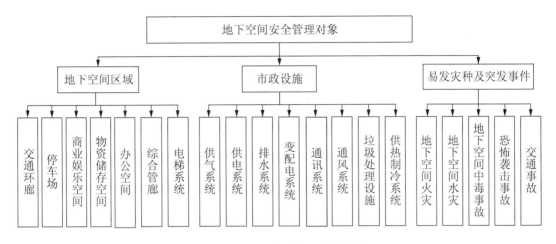

图3-1　地下空间管理对象分类

3.1.3　安全管理职能分析

地下空间安全管理要加强安全风险过程控制、做好安全事故应急处置、优化安全管理工作思路，使安全管理更加科学、系统和规范。地下空间安全管理针对安全管理存在的问题进行识别、估计、评价、预警预报、应对、应急救援及监控，最大限度地减少地下空间安全风险及安全事故的目标。使地下空间的安全管理工作更加具有实际意义，主要表现总结如下：

（1）安全管理更有利于超前防范不安全因素。由于地下空间具有相对封闭、视线狭小等特点，对于突发安全事故逃生及救援相对困难，所以更加需要建立安全事故的超前防范机制，安全管理主要对当前未知的或者从未发生过的不安全因素进行预防预警，从而起到超前防范的作用。

（2）安全管理可以量化不安全因素严重程度。安全管理通过各种分析评价方法，将不安全因素加以量化，从而对于超过预警值的因素进行预警，并及时进行应对。

（3）安全管理可以提高应急救援效率。由于地下空间通风及光线条件差、空间封闭，给应急救援工作的开展增加了很大的难度，而安全管理可以使应急处置预案、流程、应急措施更加明确，达到应急有备、响应及时、处置高效的目标。

地下空间安全管理贯穿于整个地下空间的生命周期，不仅在地下空间施工建设过程中意义重大，在地下空间运营使用过程中，也发挥了重要作用。在查阅了相关安全管理内容及任务的基础上，根据城市大型公共地下空间的自身特点、安全管理一般业务流程，总结并归纳了地下空间运营阶段安全管理总体流程，如图3-2所示。

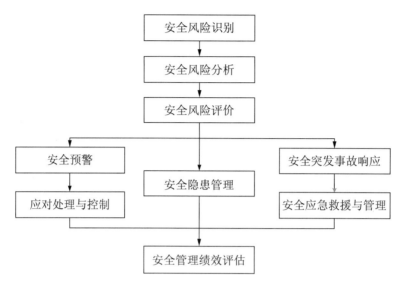

图3-2 安全管理总流程

根据安全管理总体流程，总结并归纳了地下空间安全管理五大职能，分别为安全风险分析与评价、安全预警及控制、安全隐患管理、应急响应与管理、安全管理绩效评估：

（1）安全风险分析与评价

城市公共地下空间按照功能可以划分为地下空间各区域子系统、地下空间市政设施子系统、地下空间易发灾种及突发事件子系统。安全风险辨识主要包括风险识别及风险分析两个过程[96]，风险识别主要从以上三个子系统中判断哪些方面存在哪些风险，风险的特征主要包括什么。风险分析主要是在此基础上，进一步描述风险发生的可能性、导致风险发生的因素、风险发生的条件等。风险识别与风险分析是风险辨识的两个相互依存的方面，风险识别是基础，风险分析是关键。

地下空间风险评价是在风险辨识基础上，运用系统科学的理论与方法，进一步对风险发生的可能性和危害程度进行定性和定量的度量与预测。风险评价的目标是评估系统总体安全性，为风险预防预警、风险响应与应急管理提供科学的依据。

（2）安全预警及控制

在风险辨识及评价的基础上，确定重点监控的危险源，通过监控信息系统或者人工定期巡检，对其某项参数进行记录和分析。当实测值超过了危险源某项参数的设定限值时，能够进行安全预警。预警后，根据风险的发生情况，选择风险处理应对的方式，主要包括：风险承担、风险规避、风险转移、风险控制。

（3）安全隐患管理

安全隐患主要可以分为三类，其一是地下空间设备设施、管道、交通环廊等物的不安全状态；其二是地下空间运营管理者、顾客的不安全行为；其三是地下空间运营管理者的管理缺陷。安全隐患管理的主要任务包括安全隐患的发现、隐患记录、隐患"三定"、隐患整改、隐患复查、不合格隐患处罚等相关流程。

（4）应急响应与管理

应急响应与管理是一个全方位、全过程的系统工程，其包括三个组成部分：其一，突发事件发生前的预防，主要对地下空间各区域和各类设备、人员存在的问题进行分析，制定有效的应急预案；其二，突发事件发生过程中的应对，地下空间突发事件需要及时进行响应，协调各方面应急救援力量进行统一指挥，在最短时间内最大减少损失；其三，突发事件发生后的恢复也是应急响应与管理的重要工作，保证突发事件后能够尽快恢复正常经营秩序，从而恢复到危机前的状态。

（5）安全管理绩效评估

现代安全管理体系中，安全管理最终的落脚点为安全管理绩效评价，利用层次分析法、模糊综合评价法等，对安全管理的程序、步骤、方法、效果、损失程度进行综合评估，从而达到有效地实施安全管理的最终目的。本书重点研究前四个安全管理职能与流程。

3.1.4　安全管理特殊性分析

综合以上分析，地下空间由于其面积大、开口多、位置深、功能全，导致地下空间的安全情况与地面建筑，有很大的区别，我国地下空间安全管理特殊性主要表现在：

（1）负外部性大

地下空间安全负外部性主要体现在两个方面：第一，地下空间多位于城市繁华地带，人流量大、流动性强，特别是对于地铁等交通空间等，人员结构复杂，安全意识不同，对于安全意识较低的群体，其不经意的不安全行为或许会造成地下空间安全重大事故。第二，地下空间安全事故不仅局限于造成地下人员伤亡和财产损失，还会给地下空间对应的地面上的人员和车辆造成巨大伤害，并危及其附近的地面上建筑和道路安全，造成建筑物倾塌，道路塌陷。

（2）隐蔽性强

由于地下空间在地下分布二层至三层，各层面积一般比地面建筑面积大，同时空间上密闭，空气流通性差。特别是城市综合管廊，很少有人员出入，管廊内不易进行监控。因此，地下空间具有很强的隐蔽性。

（3）救援难、逃生难

由于地下空间在空间上的封闭性与隐蔽性，导致出现紧急重大安全事故时，容易给地下空间内部人员造成很大的心理和生理压力，导致其出现慌乱悲观情绪，不利于进行逃生。同时，现代化的工具和设施难以发挥其作用（比如在地下空间火灾中，消防车难以发挥其灭火作用），导致应急救援工作难以像地面一样开展。因此，地下空间逃生困难，应急救援组织难度大。

由于以上地下空间安全管理特殊性，导致传统的安全管理在地下空间并不适用，必须借助新的技术和手段，应用于地下空间安全管理过程中，同时构建一整套安全管理新模式，保证地下空间本质安全。

3.2 基于利益相关者理论的安全管理诉求分析

本节在我国地下空间安全管理特点分析的基础上，进一步分析地下空间安全管理利益相关者及其诉求。进而得到地下空间利益相关者对安全管理的核心诉求。地下空间利益相关者分析的思路如图3-3所示：

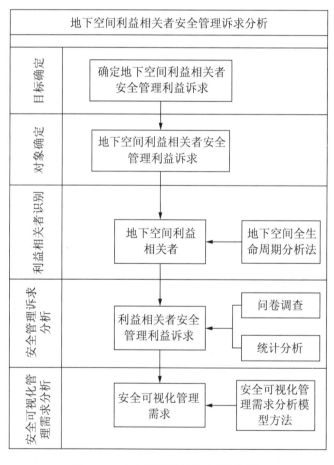

图 3-3 安全管理利益诉求分析思路

（1）确定大型公共地下空间利益相关者安全管理利益诉求作为研究对象，对其进行层层分析。

（2）利用大型公共地下空间安全生命周期理论，从地下空间决策、设计、招投标、实施、运营等阶段，在分析以上阶段工作内容的基础上，识别地下空间利益相关者。

（3）对识别出的地下空间利益相关者进行安全管理利益诉求分析，确定其安全管理利益诉求。

3.2.1 地下空间利益相关者识别

大型公共地下空间所处的不同阶段存在着不同的利益相关者，根据项目的全生命周期理论[97]，将大型公共地下空间的建设运营阶段进行一一分解，包括决策阶段、设计阶段、招投标阶段、实施阶段、运营阶段，进而分析每个时期的工作内容，最终确定地下空间利益相关者。分析过程如表3-2所示。

表3-2 地下空间利益相关者识别

生命周期	决策阶段	设计阶段	招投标阶段	实施阶段	运营阶段
工作内容	项目建议书 可行性研究报告 设计任务书	方案设计 初步设计 施工图设计	招标 投标	施工管理 监理 竣工验收	施工管理 监理 竣工验收
利益相关者	建设部门 政府建设部门 项目投资人 社会公众	设计单位 建设单位 咨询单位 勘察单位 政府建设部门 政府规划部门	建设单位 施工单位 政府招标办	设计单位 建设单位 监理单位 施工单位 供应商	相关投资人 运营管理公司 项目使用人 社会公众

通过表3-2的分析，可以进一步对城市公共地下空间核心利益相关者进行分析，大型公共地下公共空间的核心利益相关者主要包括建设单位、运营管理公司、设计单位、施工单位、政府部门（建设部门、规划部门、招标办、人防部门、安监部门等）、社会公众及顾客等。根据大型公共地下空间的特殊性，进行空间利益相关者分析，如图3-4所示。

通过分析，地下空间利益相关者不仅包括传统意义上的业主、顾客、商户等，还包括设计单位、施工单位、社会公众及政府建设、规划、人防、工商、安监等部门。

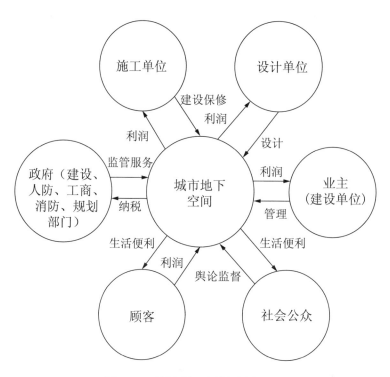

图 3-4　地下空间利益相关者关系

3.2.2　利益相关者安全管理诉求分析

城市大型公共地下空间利益相关者安全管理诉求分析主要采用调查问卷与对应分析相结合的方法，本研究主要调研了北京市中关村地下空间、金融街地下空间、奥林匹克中心区地下空间等，走访了北京科技园建设（集团）股份有限公司、金融街控股有限公司、北京新奥集团有限公司，与公司领导、地下空间运营管理部门员工及顾客进行了沟通和现场问卷调查。同时，为了扩大数据收集的范围，问询了门头沟区建设局工作人员、中国矿业大学（北京）安全管理方面的专家、研究人员等，全面调查分析了核心利益相关者的主要关注点，并进行了整理和总结。

3.2.2.1　问卷设计

在中关村地下空间实地调研的基础上，进一步进行城市大型公共地下空间利益相关者安全管理诉求调查问卷的设计工作。主要本着客观性、整体性、关联性的原则[98]，从城市大型公共地下空间的功能角度进行分析，将城市大型公共地下空间划分为了地下主要区域安全管理子系统、地下市政设施安全管理子系统、地下灾害及突发事件安全管理子系统。调查问卷总体设计如图 3-5 所示，调查问卷见附录 A 所示。

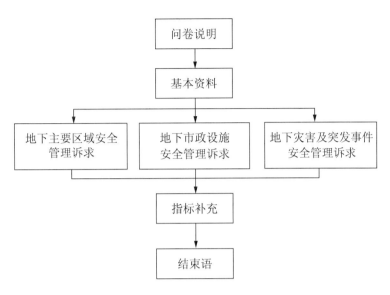

图 3-5 安全管理诉求问卷结构

（1）问卷说明。此部分对整个调查问卷进行说明，说明要调查的主要问题及调查的背景。并对被调查者表示信息要严格保密，并诚挚邀请被调查者认真填写调查问卷。

（2）基本资料。此部分对参与调查的人员基本情况进行掌握，主要包括被调查者的学历、职业、工作性质等，被调查者需要在相应的选项进行选择即可。本部分作为最终数据对应分析的分类指标。

（3）地下主要区域安全管理诉求。地下主要区域包括交通环廊、公共服务空间、综合管廊等。地下空间交通环廊建设对于发展城市交通，特别是在减少废气噪音、增加绿地开放空间、节约能源资源方面，发挥地下空间的环境效益[99]。地下公务服务空间具有一定的恒温性、隔热性、遮光性等特点，其发展可以为地下空间的运营者带来经济效益与社会效益。综合管廊是地下空间市政系统的主要运行空间，也是城市的生命线，综合管廊的环境情况也是问卷调查的主要关注指标。

（4）地下市政设施安全管理诉求。城市地下市政设施主要包括网络系统及市政站场两个方面。网络系统主要包括电力、电信、热力、燃气、给排水等市政管线，其既能维持城市正常运转，又能促进城市可持续发展[100]。市政站场主要包括地下变电所、垃圾收集站等。问卷将针对管线各系统及站场的设备设施进行调查。

（5）地下灾害安全管理诉求。城市大型公共地下空间灾害主要包括：火灾、水灾、中毒和爆炸事故、交通事故、水电暖供应事故、地震、恐怖袭击等，建立政府与地下空间运营管理者协调统一的二元灾害管理模式至关重要。问卷将针对各种灾害应急相应及救援进行调查。

（6）指标的补充。在设计调查问卷时，由于水平有限，难免会漏掉部分指标，此部分会要求被调查者针对其自身在地下空间安全方面的认识和想法，补充其认为重要指标，并选择指标的重要程度。

（7）结束语。此部分重点对被调查者对于研究工作的支持表示感谢，对于期望了解调查结果的被调查者，可留下联系方式，便于结果分析后与其进行联系和沟通交流。

3.2.2.2 问卷发放与回收

地下空间安全管理诉求问卷调查，主要集中在北京市门头沟区建设局、中关村城市公共地下空间（北京科技园建设股份有限公司）、金融街地下空间（金融街控股有限公司）、奥林匹克中心区地下空间（北京新奥集团有限公司）、中国矿业大学（北京）专家及研究生、地下空间相关顾客及利益相关者。共发放地下空间安全管理关注情况问卷 120 份，收回 102 份，其中有效问卷 93 份，有效问卷回收率为 91.2%，达到调查预定目标。

根据调查问卷第一部分基本资料，对填写问卷的被调查者的年龄、学历、地空间安全管理角色、工作职位等进行了分析，具体情况如图 3-6 所示。

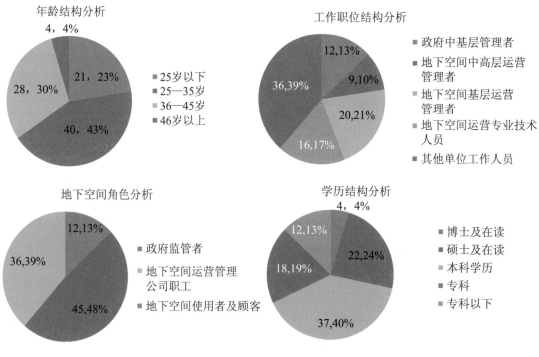

图 3-6 被调查者基本情况统计

3.2.2.3 利益相关者安全管理诉求对应分析

（1）对应分析基本思想

对应分析也称相应分析，R-Q 型因子分析，主要通过分析由定性变量构成的交叉汇总表来揭示变量间的联系。对应分析的思想首先由理查森（Richardson）和库德（Kuder）于 1933 年提出，后来法国统计学家让-保罗·贝内泽（Jean‑Paul Benzécri）等人对该方法进行了详细的论述而使其得到了发展。对应分析结合了 R 型和 Q 型因子分析的优点，它是一种可视化的数据分析方法，可以通过直观的定位图展现变量间的关系，是市场细分、满意度研究中常用的方法。

对应分析的基本思想，是将一个列联表的行和列中各元素的比例结构，利用"降维"的方法，以点的形式在二维空间中表示出来。他最大的特点是把大量的样品和变量同时映射到二维坐标图中，将二者的关系在图中直观地表示出来。对应分析的主要结果是反应变量间相互关系的对应分析图，图中邻近的点表示两个变量间关系密切。

（2）对应分析原理

①列联表

在实际研究工作中，我们经常要了解两组或多组因素（或变量）之间的关系。一般地，设受制于某个载体总体的两个因素为 A 和 B，其中因素 A 包含 r 个水平，即 A_1，A_2，$\cdots$，A_r；因素 B 包含 c 个水平，即 B_1，B_2，$\cdots$，B_c。对这两组因素作随机抽样调查，得到一个 $r \times c$ 的二维列联表，记为 $K = (k_{ij})_{r \times c}$，如表 3-3 所示。

表 3-3　一般的二维列联表

		因素 B				
		B_1	B_2	$\cdots$	B_c	
因素 A	A_1	k_{11}	k_{12}	$\cdots$	k_{1c}	$k_1.$
	A_2	k_{21}	k_{22}	$\cdots$	k_{2c}	$k_2.$
	$\cdots$	$\cdots$	$\cdots$	$\cdots$	$\cdots$	$\cdots$
	A_r	k_{r1}	k_{r2}	$\cdots$	k_{rc}	$k_r.$
		$k_{.1}$	$k_{.2}$	$\cdots$	$k_{.c}$	$k = k_{..} = \sum k_{ij}$

在表 3-3 中，$k_{i.} = \sum_{j=1}^{c} k_{ij}$ 表示因素 A 的第 i 个水平的样本个数；$k_{.j} = \sum_{i=1}^{r} k_{ij}$ 表示因素 B 的第 j 个水平的样本个数；$k = k_{..} = \sum k_{ij}$ 表示总的样本个数，这样便称 $K = (k_{ij})_{r \times c}$ 为一个 $r \times c$ 的二维列联表。

②原始数据资料变换

对应分析的主要目的是寻求列联表行因素 A 和列因素 B 的基本分析特征和它们的最优联立表示。为了实现这一目的，进一步剖析行因素 A 和列因素 B 之间的关系，需要将原始的列联表资料 $X = (x_{ij})$ 变换成矩阵 $Z = (z_{ij})$，这样使得 z_{ij} 对行因素 A 和列因素 B 具有对等性，从而将 R 型和 Q 型建立起联系，在此基础上进行对应分析。变换过程如下：

设原始资料矩阵为：

$$X = \begin{bmatrix} X_{11} & X_{12} & \cdots & X_{1p} \\ X_{21} & X_{22} & \cdots & X_{2p} \\ \vdots & \vdots & \ddots & \vdots \\ X_{n1} & X_{n2} & \cdots & X_{np} \end{bmatrix} \quad \cdots\cdots\cdots\cdots\cdots\cdots\cdots (3-1)$$

其中 n 为样品数，p 为指标数，X_{ij} 为第 i 个样品、第 j 个指标的观测值。将矩阵 X 按照行列求和，并求总和。

行和为：

$$x_{i\cdot} = \sum_{j=1}^{n} x_{ij} \quad \cdots\cdots\cdots\cdots\cdots\cdots\cdots\cdots (3-2)$$

列和：

$$x_{\cdot j} = \sum_{i=1}^{p} x_{ij} \quad \cdots\cdots\cdots\cdots\cdots\cdots\cdots\cdots (3-3)$$

总和：

$$T = \sum_{i=1}^{p} \sum_{j=1}^{n} x_{ij} \quad \cdots\cdots\cdots\cdots\cdots\cdots\cdots (3-4)$$

用 T 去除原始资料矩阵 X 中的每一个元素 x_{ij}，以使样品和变量具有相同的比例大小，即：

$$p_{ij} = \frac{x_{ij}}{T} \quad \cdots\cdots\cdots\cdots\cdots\cdots\cdots\cdots (3-5)$$

得规格化的概率矩阵：

$$P = \begin{bmatrix} p_{11} & p_{12} & \cdots & p_{1p} \\ p_{21} & p_{22} & \cdots & p_{2p} \\ \vdots & \vdots & \ddots & \vdots \\ p_{n1} & X_{n2} & \cdots & p_{np} \end{bmatrix} \quad \cdots\cdots\cdots\cdots\cdots\cdots (3-6)$$

对此，就可以引入距离概念来描述 A 和 B 各个状态之间的接近程度。如果考虑样本 A 中各水平之间的远近，引入欧氏距离，那么第 K 个水平和第 L 个水平之间的欧氏距离（采用加权距离公式）为：

$$D^2(K,L) = \sum_{j=1}^{p} \left(\frac{p_{kj}}{\sqrt{p_{\cdot j} p_{k\cdot}}} - \frac{p_{lj}}{\sqrt{p_{\cdot j} p_{l\cdot}}} \right)^2 \quad \cdots\cdots\cdots\cdots (3-7)$$

同理可求得变量间的加权距离公式。通过计算两两样品点和两两变量点之间的距离，可对其进行分类，但为了用图表示其关系还需引入协差阵。第 i 个变量与第 j 个变量的协差阵为：

$$A=\left(a_{ij}\right) \cdots\cdots\cdots\cdots\cdots\cdots\cdots\cdots\cdots\cdots (3-8)$$

其中，

$$a_{ij}=\sum_{\alpha=1}^{n}z_{\alpha i}z_{\alpha j} \cdots\cdots\cdots\cdots\cdots\cdots\cdots\cdots (3-9)$$

其中，

$$z_{\alpha i}=\frac{z_{\alpha i}-\dfrac{x_i x_\alpha}{T}}{\sqrt{x_i x_\alpha}} \cdots\cdots\cdots\cdots\cdots\cdots\cdots (3-10)$$

其中 $\alpha=1$，$\cdots$，n $i=1$，$\cdots$，p

令 $Z=\left(z_{ij}\right)$，则有：

$$A=Z^{\mathrm{T}}Z \cdots\cdots\cdots\cdots\cdots\cdots\cdots\cdots\cdots\cdots (3-11)$$

即变量点的协差阵可以表示成 ZZ^{T} 的形式，类似的可以求出样品点的协差阵：

$$B=ZZ^{\mathrm{T}} \cdots\cdots\cdots\cdots\cdots\cdots\cdots\cdots\cdots\cdots (3-12)$$

综上所述，将原始数据阵 X 变换成矩阵 Z，变量点和样品点的协差阵分别为 A 和 B，并且其具有明显的对应关系，而且 z_{ij} 对于样品和变量具有对等性。

③因子分析

R 型因子分析：计算矩阵

$$A=Z^{\mathrm{T}}Z \cdots\cdots\cdots\cdots\cdots\cdots\cdots\cdots\cdots\cdots (3-13)$$

其特征值为 $\lambda_1 \geqslant \lambda_2 \geqslant \cdots \geqslant \lambda_p$，按其累计百分比 $\dfrac{\sum\limits_{\alpha=1}^{m}\lambda_\alpha}{\sum\limits_{\alpha=1}^{p}\lambda_\alpha} \geqslant 85\%$，取其前 m 个特征值 λ_1，λ_2，$\cdots$，λ_m，并计算相对应的单位特征向量 u_1，u_2，$\cdots$，u_m，R 型因子载荷阵为：

$$F=\begin{bmatrix} u_{11}\sqrt{\lambda_1} & u_{12}\sqrt{\lambda_2} & \cdots & u_{1m}\sqrt{\lambda_m} \\ u_{21}\sqrt{\lambda_1} & u_{22}\sqrt{\lambda_2} & \cdots & u_{2m}\sqrt{\lambda_m} \\ \vdots & \vdots & \ddots & \vdots \\ u_{p1}\sqrt{\lambda_1} & u_{p2}\sqrt{\lambda_2} & \cdots & u_{pm}\sqrt{\lambda_m} \end{bmatrix} \cdots\cdots\cdots\cdots (3-14)$$

并在两两因子轴上作变量点图。

Q 型因子分析：对前面前 m 个特征值 λ_1，λ_2，$\cdots$，λ_m 计算其对应矩阵 $B=ZZ^{\mathrm{T}}$ 的单位特征向量 $V_1=Zu_1$、$V_2=Zu_2$、$\cdots$、$V_m=Zu_m$，将特征向量单位化，得 Q 型因子载荷阵为：

$$G=\begin{bmatrix} v_{11}\sqrt{\lambda_1} & v_{12}\sqrt{\lambda_2} & \cdots & v_{1m}\sqrt{\lambda_m} \\ v_{21}\sqrt{\lambda_1} & v_{22}\sqrt{\lambda_2} & \cdots & v_{2m}\sqrt{\lambda_m} \\ \vdots & \vdots & \ddots & \vdots \\ v_{n1}\sqrt{\lambda_1} & v_{n2}\sqrt{\lambda_2} & \cdots & v_{nm}\sqrt{\lambda_m} \end{bmatrix} \cdots\cdots\cdots\cdots (3-15)$$

在与 R 型相应的因子平面上作样品点图。

（3）对应分析步骤

由上述分析可知，对于一个列联表数据，运用对应分析方法的研究过程可以最终转化成进行 R 型因子分析与 Q 型因子分析的过程。一般地说，对应分析的主要计算步骤如下：

第一，由原始资料矩阵计算规格化的概率矩阵 P；第二，计算过渡矩阵 Z；第三，进行因子分析；第四，在二维图上画出原始变量各个状态，并对原始变量的相关性进行分析。

（4）调查问卷数据统计

对收回的有效问卷 93 份进行了数据统计分析，将不关注、不太关注、一般、较关注、很关注分别赋值 1、2、3、4、5，统计各个利益相关者对于每一个指标的关注情况总分，然后求平均值，最终汇总得到表 3-4 所示的利益相关者对于各个指标的关注情况平均得分，平均得分介于 1～5 分之间，趋于 5 分表示很关注此指标的安全管理问题，趋于 1 分表示很不关注。

表 3-4 问卷调查数据统计

利益相关者 安全管理对象	政府	运营公司	顾客	利益相关者 安全管理对象	政府	运营公司	顾客
交通环廊	3.167	4.889	2.083	交配电设施	4.750	4.750	2.111
停车场	1.917	4.022	4.028	通信系统	2.750	4.533	3.250
商业空间	2.083	4.133	4.139	通风系统	2.083	4.556	3.111
仓库	2.417	4.711	1.028	垃圾处理设施	2.333	4.533	3.111
办公空间	2.25	4.644	2.139	供热制冷系统	2.083	4.311	4.306
综合管廊	4.917	5.000	4.944	火灾	4.917	4.933	4.917
电梯系统	3.083	4.689	4.667	水灾	4.000	4.511	4.528
供气系统	4.833	4.911	4.889	中毒	4.833	4.889	4.889
供电系统	3.167	4.511	4.500	恐怖袭击	5.000	4.911	4.972
排水系统	2.167	4.889	2.417	交通事故	4.500	4.511	3.028
地表沉陷	4.417	4.422	2.222				

（5）对应分析结论

整个对应分析的汇总结果可以由表 3-5 所示。表中显著性数值为 0.000，说明行列变量之间存在显著的相关性，对应分析是有意义的。通过此表，可以确定共有两个维度对利益相关者及诉求对应分析的结果进行解释。对应分析中惯量指特征根，其意义在于说明两个维度能够解释列联表两个变量之间的联系程度。本例第一维特征值为0.024，第二维为0.017，在特征值比例考虑情况中，第一维解释了总信息量的59.4%，第二维解释了总信息量的40.6%。由此可以认为，需要用两个维度一起解释行列变量之间所有的关系。

表3-5 对应分析结果摘要

序号	奇异值	特征值	卡方	显著性	特征值比例		置信奇异值
					考虑情况	累积	标准差
1	0.156	0.024			0.594	0.594	0.059
2	0.129	0.017			0.406	1.000	0.064
总计		0.041	9.938	0.000	1.000	1.000	

行、列的详细信息如表3-6和表3-7所示。行惯量为行点与行重心的加权距离平方和，列行惯量为列点与列重心的加权距离平方和，行惯量与列惯量相等且均为0.041。质量列表示利益相关者或者相关诉求占总体的百分比，维中的得分表示利益相关者、诉求的坐标值。表格右侧是利益相关者、诉求对各个维度的贡献量，包括点对维惯量的贡献和维对点惯量的贡献两种。

经过上述分析，得到了对应分析图，如图3-7所示。对应分析图首先要在横轴和纵轴方向上，检查各变量的区分情况，同一变量不同类别在横轴或者纵轴上靠得比较近，说明这些类别在该维度上区别不大；另外，要比较各个变量各个分类间的位置关系，最终相互关系更为紧密的为落在相邻区域中的不同变量的分类点。

表3-6 行详细信息表

利益相关者	质量	维中的得分		惯量	贡献				
					点对维惯量		维对点惯量		
		1	2		1	2	1	2	总计
政府	0.293	−0.36	0.45	0.014	0.245	0.462	0.437	0.563	1.000
运营公司	0.399	−0.184	−0.408	0.011	0.087	0.515	0.198	0.802	1.000
顾客	0.308	0.581	0.099	0.017	0.668	0.023	0.977	0.023	1.000
有效总计	1.000			0.041	1.000	1.000			

表 3-7 列详细信息表

利益相关者	质量	维中的得分		惯量	贡献				
					点对维惯量		维对点惯量		
		1	2		1	2	1	2	总计
交通环廊	0.042	−0.527	−0.278	0.002	0.074	0.025	0.813	0.187	1.000
停车场	0.041	0.586	−0.296	0.003	0.090	0.028	0.826	0.174	1.000
商业及娱乐	0.042	0.554	−0.254	0.002	0.084	0.021	0.852	0.148	1.000
仓库	0.033	−0.899	−0.697	0.006	0.174	0.126	0.668	0.332	1.000
办公空间	0.037	−0.301	−0.576	0.002	0.022	0.096	0.248	0.752	1.000
综合管廊	0.061	0.078	0.347	0.001	0.002	0.057	0.058	0.942	1.000
电梯系统	0.051	0.381	−0.039	0.001	0.048	0.001	0.991	0.009	1.000
供气系统	0.060	0.085	0.349	0.001	0.003	0.057	0.068	0.932	1.000
供电系统	0.050	0.339	0.020	0.001	0.037	0.000	0.997	0.003	1.000
排水系统	0.039	−0.188	−0.640	0.002	0.009	0.123	0.094	0.906	1.000
变配电设施	0.048	−0.753	0.275	0.005	0.173	0.028	0.901	0.099	1.000
通信系统	0.043	0.038	−0.214	0.000	0.000	0.015	0.037	0.963	1.000
通风系统	0.040	0.144	−0.488	0.001	0.005	0.074	0.095	0.905	1.000
垃圾处理	0.041	0.085	−0.382	0.001	0.002	0.046	0.057	0.943	1.000
供热制冷	0.044	0.575	−0.287	0.003	0.093	0.028	0.829	0.171	1.000
火灾	0.061	0.077	0.362	0.001	0.002	0.062	0.052	0.948	1.000
水灾	0.053	0.177	0.244	0.001	0.011	0.025	0.389	0.611	1.000
中毒	0.060	0.087	0.354	0.001	0.003	0.058	0.068	0.932	1.000
恐怖袭击	0.060	0.079	0.367	0.001	0.002	0.063	0.053	0.947	1.000
交通事故	0.049	−0.370	0.314	0.002	0.043	0.038	0.628	0.372	1.000
地表沉陷	0.045	−0.648	0.284	0.003	0.122	0.029	0.862	0.138	1.000
有效总计	1.000			0.041	1.000	1.000			

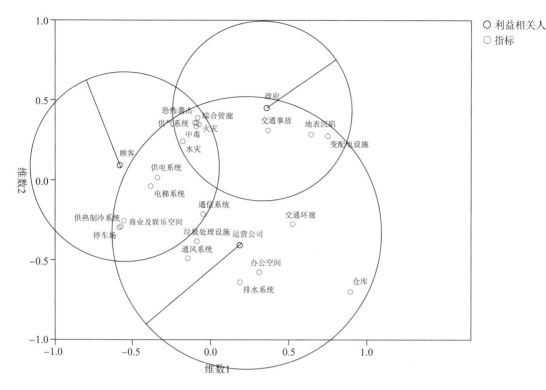

图 3-7　利益相关者与诉求对应分析图

3.2.3　利益相关者诉求分析结论

将安全管理诉求对应分析结果进行进一步分析，以地下空间核心利益相关者政府、运营公司、顾客为圆心，半径选择对于政府来说，即是政府点到水灾的距离（水灾的得分为 4 分，达到了很关注的等级），这样就划定了政府对于地下空间安全管理的关注范围。同理，可画出运营公司及顾客的关注范围。并分析得出以下结论：

（1）三个圆的重合部分即是政府、运营公司、顾客对于地下空间安全管理的共同诉求点，主要包括以下指标：综合管廊、供气系统、火灾、水灾、中毒事故、恐怖袭击事故。以上是所有核心利益相关者共同的安全管理诉求和关注点，也是安全可视化管理重点表示的关键点。

（2）政府与运营公司共同关注区域即是政府圆与运营公司圆重合的区域，除去上述所有利益相关者关心的指标外，还包括地下变配电设施、地下交通事故、地表沉陷事故，这些事故也会造成重大人员与财产损失，并且可通过一定的安全管理措施进行预防和控制，也是安全可视化管理的关键点。

（3）运营管理者和顾客还比较关注的指标为：停车场、地下商业及娱乐空间（商场、超市、饭店）、地下电梯系统运行情况、地下管线供电系统、地下供热制冷系统。

这些系统对于身处地下空间的人员来说，其如果出现了问题会大大影响人员的生活、工作，是运营公司和顾客关注的重点，有待于进行安全可视化管理。

（4）另外，交通环廊、地下物资存储空间、地下办公空间、地下通讯系统、地下通风系统、地下垃圾处理设施、地下管线排水系统只有运营公司关注。

3.3　安全可视化管理需求分析

本节将在地下空间利益相关者安全管理诉求，即对安全管理的需求的基础上，进一步确定安全管理诉求对应的安全管理业务流程，进而对业务流程中的每一个工作过程进行可视化需求判别，得到具有可视化需求的工作过程集合，最终确定可视化内容。

根据上一节分析，由于地下空间具有的隐蔽性强、救援逃生困难、负外部性较大等特点，地下空间利益相关者对安全问题关注面较广，其核心诉求为：综合管廊、恐怖袭击、水灾、火灾、中毒事件、供气系统的安全问题。对以上核心诉求进行分类，再与安全管理业务流程进行对应，得出了诉求与流程映射关系，如图 3-8 所示。

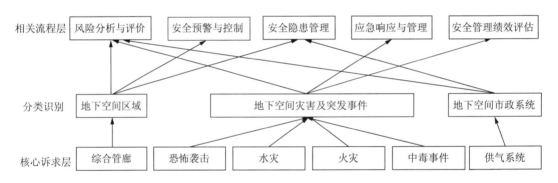

图 3-8　诉求与流程映射关系

通过图 3-8 反应的映射关系，确定了地下空间利益相关者核心诉求可以分为三类：地下空间区域、地下空间灾害及突发事件、地下空间市政系统。地下空间区域对应风险分析与评价、安全预警与控制、安全隐患管理三个主要流程；地下空间灾害及突发事件对应风险分析与评价、应急响应与管理、安全管理绩效评估三个主要流程；地下空间市政系统对应风险分析与评价、安全隐患管理两个主要流程。利益相关者核心诉求主要对应的安全管理业务流程为风险分析与评价流程、风险预警与控制流程、安全隐患管理流程、应急响应与管理流程。下文将分析以上业务流程中的工作过程可视化需求判别。

3.3.1 工作过程可视化需求判别模型

3.3.1.1 可视化需求判别依据

对于安全管理业务流程中工作过程的可视化需求判别，从信息资源管理的角度来说，属于信息资源管理理论中信息采集的范畴。信息资源管理理论是人类面对无处不在的信息资源，对其进行组织、规划、开发、利用、协调和控制的过程。20世纪70年代末～80年代初，美国学者J. Diebold发表了第一篇关于信息资源管理（Information Resource Management，简称IRM）的本书，接下来，美国信息资源管理学家史密斯和梅德利提出了管理哲学说，里克斯（B. R. Ricks）和高（K. F. Gow）提出了系统方法说，英国信息管理学家马丁（W. J. Marin）提出了管理过程说，英国的信息资源管理学家博蒙特（J. R. Beaumont）和萨瑟兰（E. Sutherland）提出了管理活动说。信息资源管理发展至今，已经形成了一整套本书体系[101]。在信息资源管理理论中，对于信息采集确定了六项原则：其一，针对性原则，要求信息采集过程要有针对、有重点、有选择地获取有价值的信息；其二，系统性原则，要求采集能够准确、全面地反映事物变化的具有空间上的完整性和时间上的连续性的信息；其三，可靠性原则，要求坚持调查研究，采集真实信息；其四，经济性原则，要求尽量节省人力、物力、财力；其五，及时性原则，要保证采集信息的新颖性；其六，预见性原则，要求不仅要立足现实需求，还要具有超前性。

综合分析信息资源管理中信息采集的六点原则，并结合城市公共地下空间负外部性大的特点，将针对性、可靠性、预见性归纳为了重要性；由于可视化表达方法能够突出解决复杂的安全管理突发问题，所以增加了复杂性作为依据；由于地下空间存在救援逃生困难的问题，将及时性替换为紧急性。具体如图3-9所示。

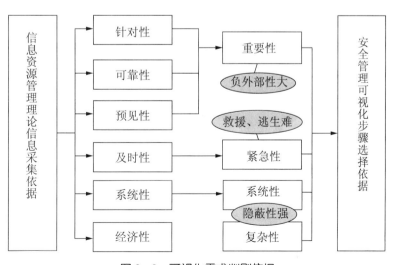

图3-9 可视化需求判别依据

综合上述分析，结合地下空间安全管理特点，得到了对于安全管理工作，工作过程可视化需求判别的依据主要为：

（1）重要性。可视化点选择在安全管理中的重要环节，由于地下空间安全管理具有很大的负外部性，如果出现问题会造成附近区域的严重后果，流程中的重要环节对整个流程会产生决定性影响，因此，选取流程中的重要环节作为可视化点，可以使得政府、运营管理者、顾客等，针对其关注的问题能够更加便捷地全面了解，并为下一步采取的措施和计划提供重要依据。

（2）复杂性。由于地下空间面积大、位置深，同时具有隐蔽性、封闭性，因此地下空间安全管理工作参与人员广泛，事件解决较为复杂和困难。将具有复杂性的工作过程可视化表达，可以使得政府、运营管理者在出现变化情况时，能够全局性地把握住导致问题出现的关键因素。

（3）紧急性。由于地下空间具有救援、逃生难的特点，事故发生后必须立刻组织相关人员，按照既定的措施和方法对突发情况加以解决，以使整个空间环境回到正常状态。所以，对于紧急的工作过程也是选择可视化点的主要来源。

（4）系统性。在地下空间安全管理中，要从空间和时间两个维度对总体情况进行掌控，空间维度上要保证完整，时间维度上要保证连续，这就要求整个事件发生的情况、各个关注点位置、总体情况统计分析等具有系统性，安全可视化管理方法将原来隐蔽的地下空间的空间上完整、时间上连续的点表达出来，为政府、运营管理者、顾客等的全面管控及全局思维提供帮助。

3.3.1.2 工作过程可视化需求定性判别模型

定性判别模型主要对安全管理涉及的业务流程，以重要性、复杂性、紧急性、系统性为依据，确定需要进行可视化表达的工作过程。本书参考事故致因理论的瑟利模型，结合地下空间安全管理实际，构建了地下空间安全管理工作过程可视化需求定性判别模型，通过此模型，可以确定在安全风险分析与评价、安全预警与控制、安全隐患管理、应急响应与管理四个流程中，哪些工作过程具有可视化管理的需求。具体分析模型如图 3-10 所示。

3.3.1.3 工作过程可视化需求定量判别模型

工作过程可视化需求定量判别模型通过构建新的指标——"地下空间安全可视化管理需求指数"，来进一步分析安全管理流程中各个工作过程的可视化需求程度，确定需要进行可视化的工作过程，并证明可视化在地下空间安全管理中的需求。

根据上文分析，地下空间可视化需求判别的依据主要为重要性、复杂性、紧急性、系统性。将以上四项依据作为自变量，通过管理专家打分的方式，得出四项自变量的数值。根据最终安全可视化管理需求指数计算的实际需要，将复杂性、紧急性、系统

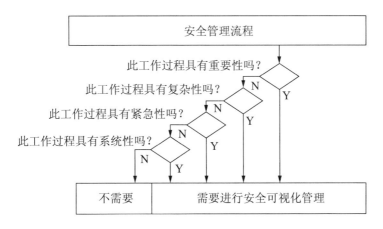

图3-10 可视化需求判别模型

性三项依据的评判等级划分为"无"、"微弱"、"基本具备"、"具备"、"完全具备"五个等级，即评语集合为：$v=\{v_1, v_2, v_3, v_4, v_5\}=\{$无，微弱，基本具备，具备，完全具备$\}$。参考以往研究成果并查阅相关资料，将五个等级赋值"0.1，0.2，0.3，0.4，0.5"。将重要性依据的评价等级划分为"不重要"、"不太重要"、"一般"、"较重要"、"很重要"五个等级，即评语集合为：$v=\{v_1, v_2, v_3, v_4, v_5\}=\{$不重要，不太重要，一般，较重要，很重要$\}$。参考以往研究成果并查阅相关资料，将五个等级赋值"0.5，0.75，1，1.25，1.5"。

定量分析公式的构造，首先将四个依据进行分类，按照各个依据间的相关性，将四个依据分为两类，重要性、复杂性、紧急性一般共同应用于评价某个工作过程的可视化程度，将其分为一类；系统性有别于重要性、复杂性与紧急性，更加强调空间与时间的整体性，将其单独作为一类。对于第一类重要性、复杂性、紧急性来说，重要性主要发挥乘数效应，对具有复杂性、紧急性的工作过程进行再次权衡。基于以上分析，得出了地下空间安全可视化管理需求指数 D_n 计算公式：

$$D_n=I_n\times(C_n+U_n)+S_n \quad\cdots\cdots\cdots\cdots\cdots\cdots\cdots\cdots(3-16)$$

其中，D_n（Demand Index）表示需求指数，I_n（Importance）表示重要性，C_n（Complexity）表示复杂性，U_n（Urgency）表示紧急性，S_n（Systematicness）表示系统性。

综合上述规定，I_n 为 0.5 与 1.5 之间的数值，C_n、U_n、S_n 均为 0.1 与 0.5 之间的数值，所以根据需求指数计算公式可得，需求指数 D_n 的取值范围为 0 与 2 之间的数值，数值越大，代表此安全管理工作过程对于可视化的需求更为强烈，需求指数取大于或等于 1 的工作过程作为需要进行可视化的工作过程，并进行可视化内容的分析。下文将通过地下空间安全可视化管理需求指数的计算，定量分析各个流程中的工作过程可视化需求程度，并确定需要进行可视化表达的工作过程的可视化内容。

3.3.2 安全管理流程可视化需求分析

下文将运用工作过程可视化需求判别模型，重点分析安全管理中四个对应流程（安全风险分析与评价流程、安全预警与控制流程、安全隐患管理流程、应急响应与管理流程）的安全管理可视化的工作过程及其可视化内容。邀请中关村地下空间综合管理人员、中国矿业大学（北京）相关专家，对各个工作过程的重要性、复杂性、紧急性、系统性进行打分，并利用安全可视化管理需求指数计算公式进行计算和分析。

3.3.2.1 安全风险分析与评价可视化需求分析

安全风险分析与评价是地下空间安全管理的首要基础性工作。首先，要编制危险源辨识指导方案，在此基础上，按照区域、灾种、功能性系统等不同划分方法，对地下空间危险源进行风险单元划分，从而开展危险源辨识工作。其次，对辨识工作的成果录入到地下空间安全管理信息系统中，同时开展危险源导致事故发生可能性及事故的危害性分析，一并录入信息系统。最后，对事故发生可能性较大、事故发生危害程度较高的危险源，编制相关的风险控制措施。具体流程如图 3-11 所示。

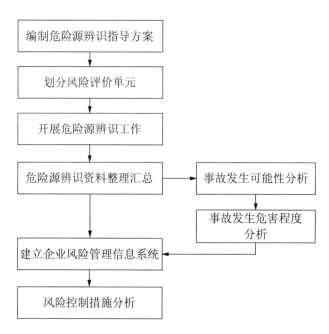

图 3-11 风险分析与评价流程

在对风险分析与评价流程分析的基础上，进一步运用工作过程可视化需求判别模型，对此流程中的工作过程进行分析，并计算各个工作过程的可视化需求指数，如表 3-8 所示。

根据表3-8的分析可得，事故发生危害程度分析与企业风险管理信息系统建立两个工作过程可视化需求指数都达到了1.6，远远大于设置的临界值1，因此重点对以上两个工作过程进行可视化分析，分析过程及可视化内容如表3-9所示。

表3-8　风险分析与评价可视化需求指数

序号	工作过程名称	主要依据	自变量数值	需求指数	是否可视化
1	编制危险源辨识指导方案	复杂性	$I=0.75$　$C=0.2$ $U=0.1$　$S=0.1$	0.325	否
2	划分风险评价单元	系统性	$I=0.75$　$C=0.2$ $U=0.1$　$S=0.5$	0.725	否
3	开展危险源辨识工作	重要性	$I=1.25$　$C=0.3$ $U=0.1$　$S=0.1$	0.6	否
4	危险源辨识资料整理汇总	系统性	$I=1$　$C=0.1$ $U=0.1$　$S=0.4$	0.6	否
5	事故发生可能性分析	重要性 复杂性	$I=1.25$　$C=0.4$ $U=0.1$　$S=0.1$	0.725	否
6	事故发生危害程度分析	重要性 复杂性	$I=1.5$　$C=0.5$ $U=0.3$　$S=0.4$	1.6	是
7	企业风险管理信息系统	重要性 系统性	$I=1.5$　$C=0.5$ $U=0.3$　$S=0.4$	1.6	是
8	风险控制措施分析	紧急性	$I=1$　$C=0.3$ $U=0.3$　$S=0.2$	0.8	否

表3-9　安全风险分析与评价可视化点分析

序号	可视化点名称	工作过程	信息使用人员	可视化内容	可视化作用
1	危险源位置	建立企业风险管理信息系统	运营管理者顾客	将供电设备、燃气、综合管廊、易燃物品等危险源的位置直观表示在各个区域的地图上	能够使得运营管理者方便了解危险源的位置
2	风险伤害模型模拟	事故发生危害程度分析	运营管理者顾客	①火灾热辐射影响模型可视化 ②室内火灾疏散时间模型可视化 ③爆炸伤害模型可视化 ④中毒模型可视化	使得运营管理者通过模拟了解事故发生影响范围、疏散时间、造成伤害的程度等关键因素

表 3-9（续）

序号	可视化点名称	工作过程	信息使用人员	可视化内容	可视化作用
3	危险源风险情况位置	建立企业风险管理信息系统	运营管理者	①对于重大危险源和一般危险源分红色和黄色进行区分表示 ②按照发生事故的概率从大到小对危险源进行颜色区分表示	使得运营管理者从发生事故概率、危险源危险等级两个方面，更加全面整体把握危险源的风险程度，对于发生事故概率大、危险性大的危险源采取必要的控制措施

按照以上分析，确定了在风险分析与评价工作流程中，有三个需要进行可视化的点，通过可视化的方法和手段，可以大大提高安全管理效率。具体需要进行可视化的环节如图 3-12 所示。

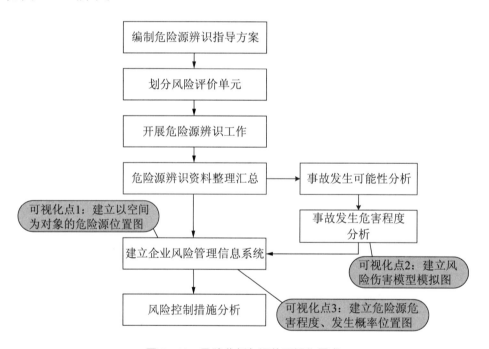

图 3-12 风险分析与评价可视化需求

3.3.2.2 安全预警与控制可视化需求分析

地下空间安全预警与控制是安全管理过程中，发现紧急情况，及时进行报告和发布，并根据风险等级，采取相应措施进行应对和控制的重要工作。地下空间安全预警与控制具体流程如图 3-13 所示。

在对安全预警与控制流程分析的基础上，进一步运用工作过程可视化需求判别模型，对此流程中的工作过程进行分析，并计算各个工作过程的可视化需求指数，如表 3 - 10 所示。

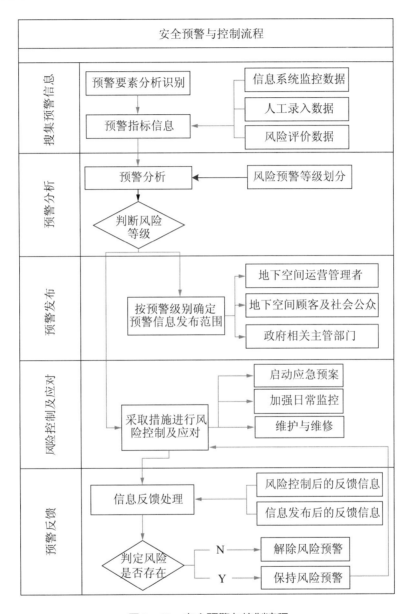

图 3 - 13 安全预警与控制流程

根据表 3 - 10 的分析可得，判断风险等级、按预警级别确定预警信息发布范围、采取措施进行风险控制及应对与判断风险是否存在，四个工作过程可视化需求指数分别达到 1.35、1.55、1.8、1.45，远远大于设置的临界值 1，因此重点对以上四个工作过程进行可视化分析，分析过程及可视化内容如表 3 - 11 所示：

表 3‑10 安全预警与控制可视化需求指数

序号	工作过程名称	主要依据	自变量数值	需求指数	是否可视化
1	预警要素分析识别	系统性	$I=1$ $C=0.3$ $U=0.1$ $S=0.4$	0.8	否
2	预警指标信息	系统性	$I=1$ $C=0.2$ $U=0.2$ $S=0.3$	0.7	否
3	预警分析	重要性 紧急性	$I=1.25$ $C=0.3$ $U=0.3$ $S=0.2$	0.95	否
4	判断风险等级	重要性 紧急性	$I=1.5$ $C=0.3$ $U=0.4$ $S=0.3$	1.35	是
5	按预警级别确定预警信息发布范围	重要性 紧急性	$I=1.5$ $C=0.2$ $U=0.5$ $S=0.5$	1.55	是
6	采取措施进行风险控制及应对	重要性 紧急性	$I=1.5$ $C=0.5$ $U=0.5$ $S=0.3$	1.8	是
7	信息反馈处理	重要性 紧急性	$I=1.25$ $C=0.1$ $U=0.5$ $S=0.2$	0.95	否
8	判断风险是否存在	重要性 紧急性	$I=1.5$ $C=0.2$ $U=0.5$ $S=0.4$	1.45	是

表 3‑11 安全预警与控制可视化点分析

序号	可视化点名称	工作过程	信息使用人员	可视化内容	可视化作用
1	预警信息统计	判断风险等级	运营管理者	①将地下空间各个区域、市政系统、灾种的预警信息直观表示在地下空间整体地图上 ②将预警信息的风险等级通过不同颜色显示	能够使得运营管理者准确直观定位预警区域和系统、预警等级，协助分析预警原因
2	预警信息发布	按预警级别确定预警信息发布范围	政府运营管理者顾客	预警时间、预警区域及系统、预警等级、建议采取措施可视化表达	能够使得政府相关部门、运营管理者、顾客等第一时间快速掌握预警信息，并进行应对
3	风险控制及应对	采取措施进行风险控制及应对	政府运营管理者	①可视化表达不同风险等级拟采取的不同措施及注意事项 ②可视化表达选择的应对及控制措施主要流程、参与人员、关键环节等	①能够为运营管理者根据不同风险等级提供各种参考措施 ②能够为运营管理者选择的控制应对措施进行流程和关键点指导
4	风险预警解除	判断风险是否存在	运营管理者顾客	对已经解除并恢复了正常状态的风险预警及时在位置图上进行显示	能够使得顾客及运营管理者及时快速了解风险预警解除信息，开始正常活动与工作

按照以上分析，确定了在安全预警与控制工作流程中，有四个需要进行可视化的工作过程，通过可视化的方法和手段，可以在紧急情况发生时，快速高效的全面了解情况、组织相应应对控制工作。具体需要进行可视化的环节如图3-14所示。

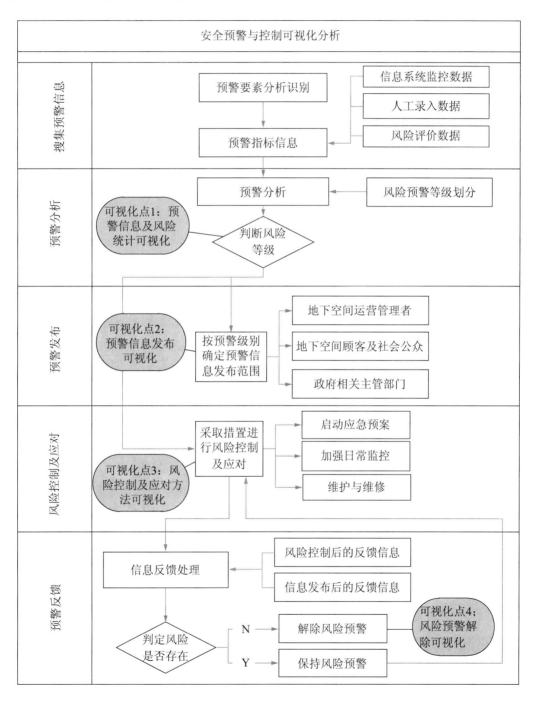

图3-14 安全预警与控制可视化需求

3.3.2.3 安全隐患管理可视化需求分析

地下空间安全隐患管理是安全管理过程中及时查找缺陷并加以整改的过程。主要包括安全隐患录入、安全隐患确认、安全隐患整改、安全隐患复查等主要流程。地下安全隐患管理具体流程如图 3‑15 所示。

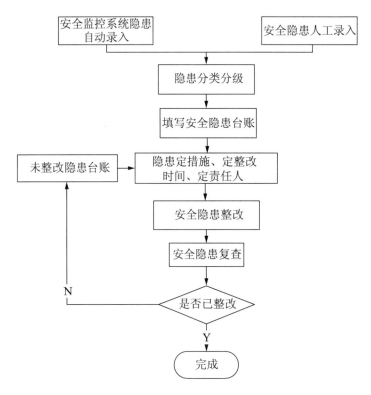

图 3‑15　安全隐患管理流程

在对安全隐患管理流程分析的基础上，进一步运用工作过程可视化需求判别模型，对此流程中的工作过程进行分析，并计算各个工作过程的可视化需求指数，如表 3‑12 所示。

表 3‑12　安全隐患管理可视化需求指数

序号	工作过程名称	主要依据	自变量数值	需求指数	是否可视化
1	安全监控系统隐患自动录入	紧急性	$I=1$　$C=0.3$ $U=0.1$　$S=0.4$	0.6	否
2	安全隐患人工录入	紧急性	$I=1$　$C=0.2$ $U=0.2$　$S=0.3$	0.6	否
3	隐患分类分级	紧急性 系统性	$I=1.25$　$C=0.3$ $U=0.3$　$S=0.2$	0.9	否

表3－12（续）

序号	工作过程名称	主要依据	自变量数值	需求指数	是否可视化
4	填写安全隐患台账	重要性 系统性	$I=1.5$ $C=0.3$ $U=0.4$ $S=0.3$	1.3	是
5	隐患定措施、定整改时间、定责任人	复杂性	$I=1.5$ $C=0.2$ $U=0.5$ $S=0.5$	0.7	否
6	安全隐患整改	紧急性	$I=1.5$ $C=0.5$ $U=0.5$ $S=0.3$	0.8	否
7	安全隐患复查	重要性 紧急性	$I=1.25$ $C=0.1$ $U=0.5$ $S=0.2$	0.825	否
8	是否已整改	重要性 紧急性	$I=1.5$ $C=0.2$ $U=0.5$ $S=0.4$	1.35	是

根据表3－13的分析可得，填写安全隐患台账、是否已整改两个工作过程可视化需求指数分别达到1.3、1.35，大于设置的临界值1，因此重点对以上两个工作过程进行可视化分析，分析过程及可视化内容如表3－13所示：

表3－13 安全隐患管理可视化点分析

序号	可视化点名称	工作过程	信息使用人员	可视化内容	可视化作用
1	安全隐患位置	安全隐患台账	运营管理者	①将地下空间供气、供电、消防、给排水等系统检查发现的安全隐患全面展现在位置图上 ②将重大安全隐患、一般安全隐患通过不同颜色显示	能够使得运营管理者准确直观定位安全隐患多发区域和系统，并做好本区域及系统的隐患大检查工作
2	安全隐患情况统计	是否已整改	运营管理者	将已录入未确认隐患、已确认未整改隐患、已整改未复查隐患、复查合格隐患、复查不合格隐患分类分颜色在位置图中加以表示	能够使得运营管理者全面迅速掌握各个区域的隐患所处的状态，对未通过复查的隐患区域进行重点监控

按照以上分析，确定了在风险预警与控制工作流程中，有两个需要进行可视化的工作过程，通过可视化的方法和手段，可以在对安全隐患进行全过程的跟踪管理，全面快速地掌握安全隐患所处状态及相关位置。具体可视化需求如图3－16所示。

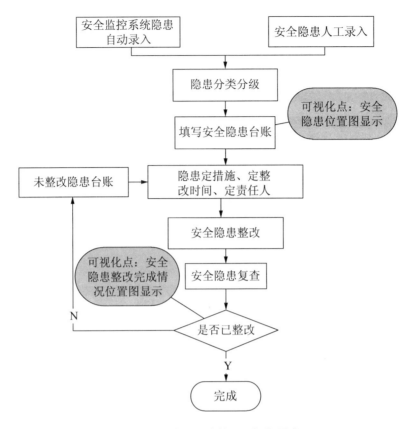

图 3-16 安全隐患管理可视化需求

3.3.2.4 应急响应与管理可视化需求分析

地下空间应急响应与管理流程是安全管理过程中，发现重大事故时，进行应急响应和救援的重要工作。贯穿此流程中的是三个判断，包括地下空间中控室要判断是否启动应急预案，是否上报政府相关部门组织联合应急救援，最终判断事态是否得到控制。地下空间应急响应与管理具体流程如图 3-17 所示。

在对应急响应与管理流程分析的基础上，进一步运用工作过程可视化需求判别模型，对此流程中的可视化工作过程进行分析，并计算各个工作过程的需求指数，如表 3-14 所示。

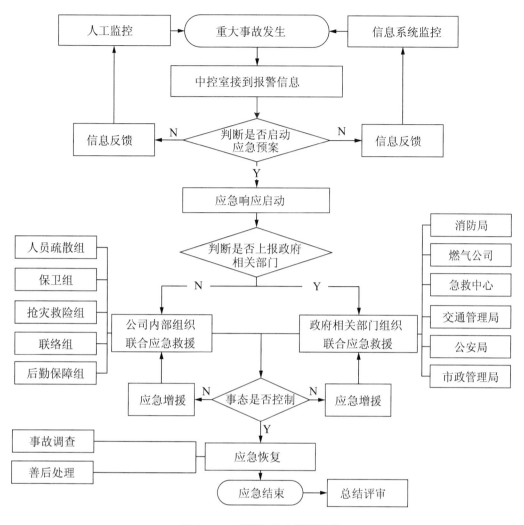

图 3‑17　应急响应与管理流程

表 3‑14　应急响应与管理可视化需求指数

序号	工作过程名称	主要依据	自变量数值	需求指数	是否可视化
1	人工监控、信息系统监控	紧急性	$I=1$　$C=0.1$ $U=0.3$　$S=0.2$	0.6	否
2	中控室接到报警信息	重要性 系统性	$I=1.5$　$C=0.2$ $U=0.5$　$S=0.5$	1.55	是
3	判断是否启动应急预案	重要性 紧急性	$I=1.25$　$C=0.2$ $U=0.4$　$S=0.1$	0.85	否
4	应急响应启动	重要性 系统性	$I=1.5$　$C=0.5$ $U=0.5$　$S=0.5$	2.0	是

表 3-14（续）

序号	工作过程名称	主要依据	自变量数值	需求指数	是否可视化
5	判断是否上报政府相关部门	重要性 紧急性	$I=1.25$ $C=0.2$ $U=0.4$ $S=0.1$	0.85	否
6	公司内部组织联合应急救援	复杂性 紧急性	$I=1.25$ $C=0.5$ $U=0.5$ $S=0.3$	1.55	是
7	政府相关部门组织联合应急救援	复杂性 紧急性	$I=1.25$ $C=0.5$ $U=0.5$ $S=0.3$	1.55	是
8	事态是否控制	重要性 紧急性	$I=1.5$ $C=0.2$ $U=0.5$ $S=0.3$	1.35	是
9	应急恢复	系统性	$I=1$ $C=0.3$ $U=0.3$ $S=0.5$	1.1	是
10	总结评审	系统性	$I=1$ $C=0.3$ $U=0.2$ $S=0.3$	0.8	否

根据表 3-14 的分析可得，中控室接到报警信息、应急响应启动、公司内部及政府相关部门组织联合应急救援、事态是否控制、应急恢复，五个工作过程可视化需求指数分别达到 1.55、2.0、1.55、1.35、1.1，大于设置的临界值 1，因此重点对以上五个工作过程进行可视化分析，分析过程及可视化内容如表 3-15 所示。

表 3-15　应急响应与管理可视化点分析

序号	可视化点名称	工作过程	信息使用人员	可视化内容	可视化作用
1	报警信息表示	中控室接到报警信息	运营管理者顾客	报警时间、报警位置、报警级别、危险类型、伤亡情况等信息可视化表达	能够使得运营管理者准确直观定位报警位置和系统、确定事故的危害程度，判断是否启动相应应急预案
2	应急预案流程表达	应急响应启动	运营管理者顾客	①此类事故发生备选应急响应措施 ②选择响应措施后，对其详细响应工作过程、联络人员、上报流程、关键环节等进行可视化表达	①能够为运营管理者提供应对重大事故的备选措施 ②能够对已选择的响应措施进行全面可视化展现，便于在紧急情况下指导进行应急救援
3	逃生路线表示	公司内部组织联合应急救援、政府相关部门组织联合应急救援	运营管理者顾客	针对出现的火灾、水灾、气体中毒、恐怖袭击、地表塌陷等事故按照响应的逃生路线指挥人员撤离	能够在紧急情况下，明确给出逃生路线图，便于相关人员迅速找到所在位置，并撤离危险区域

表 3 - 15（续）

序号	可视化点名称	工作过程	信息使用人员	可视化内容	可视化作用
4	救援情况与事态是否控制	事态是否控制	政府运营管理者	①对参加应急救援人员组成、采取的应急救援措施、主要封闭的相关道路和区域等信息进行表达②对事态是否得到控制进行表达	能够使政府、运营管理者对救援进展进行全方位把控，对是否增援判断提供依据
5	事故全过程表示	应急恢复	政府运营管理者	对重大事故全过程进行全面回放，对关键点进行重点描述，对各个应对环节的持续时间、参与人员进行表达	便于政府和运营管理者掌握事故发生的全过程，并对其分析事故原因，查找问题提供依据和帮助

按照以上分析，确定了在应急响应和管理工作流程中，有五个需要进行可视化的工作过程，通过可视化的方法和手段，可以对报警信息、救援措施和流程、逃生路线、事故全过程进行可视化。具体可视化需求如图 3 - 18 所示。

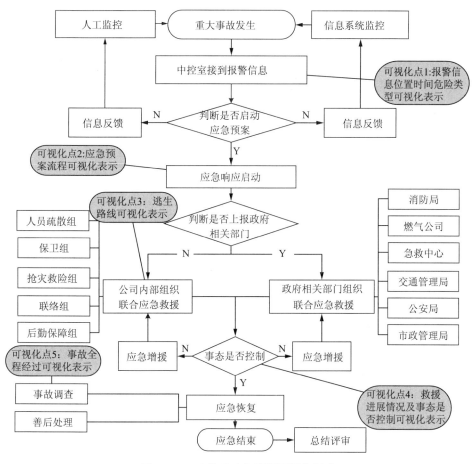

图 3 - 18　应急响应与管理可视化需求

3.4　安全可视化管理需求模型研究

综合以上分析，得到安全可视化管理需求模型：模型在分析我国地下空间安全管理特点（负外部性大、隐蔽性强、救援及逃生困难）的基础上，首先从地下空间安全管理原始数据层入手，利用利益相关者理论，确定地下空间安全管理利益相关者，并通过问卷调查的方式，确定安全管理利益相关者的核心诉求，然后通过核心诉求与业务流程映射关系，确定相关业务流程，再从流程中通过定性与定量相结合的方法，析取安全管理需要可视化的工作过程，形成具有可视化需求的工作过程层，最终通过映射关系，确定安全可视化管理内容层。分析过程分为了两个部分，第一部分从原始数据层到核心诉求层，重点分析地下空间安全管理的需求；第二部分从核心诉求层到可视化内容层，重点分析地下空间安全可视化管理的需求。

3.4.1　安全可视化管理需求 RFSC 模型

地下空间安全可视化管理需求是一个层层深入的过程，其从原始数据开始，到发现地下空间安全管理的需求，再到发现地下空间安全管理可视化的需求。地下空间安全可视化管理需求 RFSC 模型如图 3 - 19 所示。

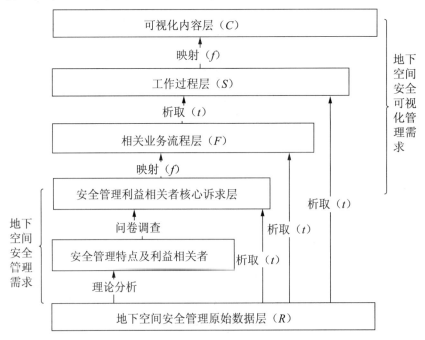

图 3 - 19　安全可视化管理需求 RFSC 模型

RFDC 模型分为了 5 个层次，理论分析、问卷调查、映射（f）、析取（t）五种过程。地下空间安全可视化管理需求的分析从第一个地下空间安全管理原始数据层（raw data，简称 R）入手，经过利益相关者理论分析过程，得出地下空间安全管理利益相关者，然后经过问卷调查的过程，得出利益相关者的核心诉求，在此基础上，经过映射（f）过程，对应得到各个核心诉求的相关业务流程（flows，简称 F），后经过析取（t）过程，把业务流程中需要进行可视化的工作过程进行选取，进而得到了具有可视化需求的工作过程层（working steps with visual demand，简称 S），最后经过一个映射（f）过程，得到地下空间安全可视化管理内容层（visual contents，简称 C）。另外，利益相关者核心诉求的形成（调查问卷设计），相关业务流程的归纳、安全可视化管理需求的确定，这三个过程均要从地下空间安全管理原始数据层析取相关数据。

3.4.2 RFSC 模型数据流分析

对地下空间安全可视化管理需求模型（RFSC 模型），要明确模型中数据的流动趋势，明确各个层之间数据的关系，图 3-20 给出了 RFSC 模型数据流动情况。

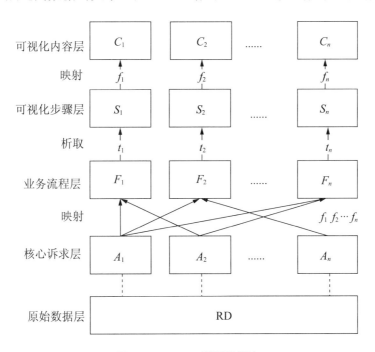

图 3-20 RFSC 模型数据流

如图 3-20 所示，RFSC 模型数据主要从原始数据层，流动到了核心诉求层（A），然后通过核心诉求层与业务流程的映射关系，确定核心诉求层对应的相关安全管理业务流程层（F）。再经过析取确定各个流程的可视化工作过程，得到具有可视化需求的

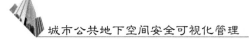

工作过程层（S），最终通过一一映射，针对每个具有可视化需求的工作过程确定其可视化内容，得到可视化内容层（C）。这个数据流过程，要明确的是从核心诉求层（A）到业务流程层（F），其为映射关系，并且映射为一对多，即一个核心诉求对应多个相关安全管理流程。

第4章　城市公共地下空间安全可视化管理理论体系研究

我国城市公共地下空间的总体规模和总量已居世界首位，但由于其特有的隐蔽性、密闭性、空气不流通、采光差等特点，安全问题频发，其严峻的地下空间安全形势是实行安全可视化管理的迫切需求。本章将以认知心理学为基础，提出城市大型公共地下空间安全可视化管理的概念、内涵、特征及理论模型，在此基础上，构建城市公共地下空间安全可视化管理信息系统架构，并进行信息系统信息处理过程分析。

4.1　安全可视化管理理论

4.1.1　地下空间安全可视化管理概念

由于地下空间安全管理具有隐蔽性强、负外部性大、逃生及救援困难等特殊性，导致传统的安全管理的方法和手段在地下空间并不能发挥重要作用，必须借助新的技术和手段，并应用于地下空间安全管理过程中，同时构建一整套安全管理新模式，保证地下空间本质安全。而可视化管理的方法和手段可以解决地下空间安全管理的隐蔽性强、负外部性大、逃生及救援困难的问题。

现代可视化管理的发展，已经从传统的看板管理、目视管理发展到了信息可视化、知识可视化阶段。2011年，美国伦斯勒理工学院皮特·福克斯（Peter Fox）与亨德勒（James Hendler）教授在《科学》杂志发文指出，计算机网络技术和虚拟实现技术推动了现代可视化技术的发展。而现代可视化技术可以使得管理过程更加高效和智能，其不仅要实现信息传输和展现、模拟显示，还要向辅助决策、再造业务流程、虚拟实现等方向发展[102]。在现代信息可视化、知识可视化背景下，本书对地下空间安全可视化管理作如下定义：

地下空间安全可视化管理有别于传统的可视化管理，其是利用IT技术、计算机网络技术、虚拟实现技术等，通过建立安全可视化管理信息系统，将安全管理活动中的各类信息通过传感器进行采集，利用网络进行传输，最终实现数据信息的智能处理和迅速、高效、准确的可视化表达。安全可视化管理要把握五个方面，分别为可视化管理主体、可视化目标、可视化技术手段、可视化系统、可视化对象，地下空间安全可视化管理概念分析如图4-1所示。

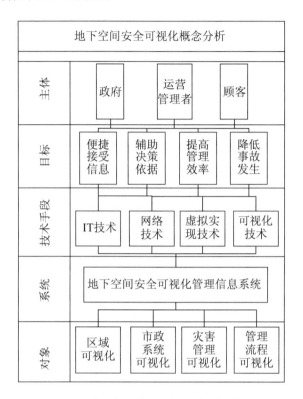

图4-1　地下空间安全可视化管理概念分析

（1）可视化主体

可视化主体为政府相关主管部门、运营管理公司、顾客，其是地下空间的使用者及管理者，安全可视化管理的主体。

（2）可视化目标

地下空间安全可视化管理的目标是使得地下空间利益相关者，包括政府、运营管理者、顾客，能够全面快捷的接受信息，并为管理者提供决策的依据，最终达到提高安全管理效率、降低安全事故发生的目标。

（3）可视化技术

主要包括IT技术、计算机网络技术、虚拟实现技术、可视化技术等。其中IT技术是近年来发展最迅速的技术手段，其在安全可视化管理中的应用又包括软件工程技术、通讯技术、物联网技术等。

（4）可视化系统

可视化安全管理信息系统是现代信息可视化的重要依托[103]，所有可视化对象均

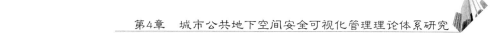

通过系统进行表达，同时进行智能分析和处理。

（5）可视化对象

可视化对象按照不同空间、不同系统、不同灾种与突发事件、不同流程分为了四类，分别为：

第一，区域可视化。城市大型公共地下空间由于其区域分布大，且都在地下，对于安全管理造成了很大的难度。安全可视化管理首先要将地下空间包含的各区域进行全方位可视化表达，主要包括停车场、交通环廊、娱乐场所、购物场所、餐饮场所、仓库、办公区域、综合管廊、电梯间等。主要表达对象为人流量、车流量、设备状态、区域分布、区域环境等。

第二，市政系统可视化。市政系统在地下空间安全管理中，属于重点监控和排查的系统。主要包括供气系统、供电系统、排水系统、变配电设施、通讯系统、综合管廊通风系统、供热制冷系统等。

第三，灾害管理可视化。地下空间灾害及突发事件频发，主要包括火灾、水灾、中毒、恐怖袭击、交通事故、地表沉陷事故等。可视化灾害管理可以起到预防灾害发生、有序组织应急救援、安全隐患及时整改等作用。

第四，安全管理流程可视化。对安全风险分析与评价、安全预警与控制、安全隐患管理、安全应急响应与管理等安全管理活动的相关流程进行全面可视化表达，便于管理者及顾客迅速掌握应对流程，提高安全管理工作效率。

4.1.2　安全可视化管理的内涵

安全可视化管理从管理业务流程角度进行分析，可以将安全可视化管理的内涵诠释为四个层次，分别为：安全监控可视化、数据表达可视化、安全预警应对可视化、智能分析可视化，具体如图4-2所示。

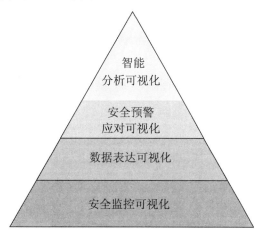

图4-2　安全可视化管理内涵

（1）安全监视可视化

地下空间安全监视可视化是安全可视化管理最基础的层级，也是可视化数据最核心来源。安全监控可视化既包括对各区域、各系统、各灾种及突发事件的监控，如人流量、车流量、电压、电流、温度、湿度、有毒气体浓度、压力等，并通过空间模拟地图、系统运行状态图等表示出来，还能够实时将监控的信息进行存储，用于高层级的安全可视化管理中。

（2）数据表达可视化

数据表达可视化是在安全监控可视化的基础上，对其存储的数据进行汇总和处理，并通过可视化的方法进行表示的过程。数据表达可视化最主要的任务是完成对日常监控数据的时间关系、空间关系、逻辑关系的可视化表达，将各种图表展现在管理者眼前，从而使得管理者能够全面快速准确地掌握地下空间总体情况。

（3）安全预警应对可视化

安全预警应对可视化是在安全监控可视化、数据表达可视化的基础上，进一步确定风险预警极限值，当出现超限情况时，及时进行报警并进行风险应对的过程。通过风险应对可视化的过程，可以实现将风险和事故的发生以最快的速度推送给管理者，并给出一定的应对措施和流程，帮助管理者进行风险应对。

（4）智能分析可视化

智能分析可视化是在以上三个层级处理的所有信息的基础上，进一步发现有用信息，利用数据挖掘技术，进一步将可视化对象的深层次信息进行挖掘，同时，对各个可视化对象之间的关联信息进行分析，为地下空间管理者，特别是高层管理者和政府的安全管理决策提供依据。

4.1.3 安全可视化管理的特征

通过对城市公共地下空间安全可视化管理的上述分析，归纳总结了安全可视化管理的特征如下：

（1）可视化的管理

可视化的管理是地下空间安全可视化管理的首要特征，通过对于地下空间各区域、各市政系统、各灾种的安全日常监控，使得原来隐蔽在地下空间各区域的安全问题和各种状态信息，通过信息系统展现出来。地下空间日常管理者、设备管理者、综合管理者等对于其关心的安全管理问题能够及时发现和处理，做好安全管理预防和风险应对工作。

（2）对状态变化的管理

地下空间安全管理最核心的问题是对变化的掌控和管理。中国工程院钱七虎院士的研究发现，地下空间各种风险是可控的，事故的发生会出现征兆，并且根据检测数据，从出现征兆到事故发生留给管理者进行处理的时间为 2～3 天[104]。因此，通过安全可视化管理，能够全面系统及时地把握住地下空间各种状态的变化，同时迅速进行应对，避免事故的发生或者减少事故造成的损失。

（3）推送式管理

地下空间安全可视化管理另一个重要特征是预警、待处理工作推送式管理。对于地下空间安全管理者来说，推送式的管理模式能够让其在错综复杂的安全管理信息中把握有价值信息，并迅速组织相关应对处理工作。

（4）智能型管理

智能型管理是地下空间安全可视化管理的高级阶段，也是可视化管理的最终目标。通过可视化的管理、变化管理、推送预警信息和代办工作等，最终实现对信息的智能分析，通过现有数据分析地下空间总体情况，各种变化趋势，并为高级管理者决策提供依据。

4.1.4　安全可视化管理内容分析

4.1.4.1　可视化信息分析

在地下空间安全管理过程中，安全可视化管理将安全管理区域、市政系统、主要灾害及突发事件、管理流程等进行可视化表达，将核心利益相关者关心的主要问题通过图形、表格、逻辑关系等方式方法展现出来，使得政府能够全面宏观管控地下空间，运营管理者能够提高安全管理的效率和水平，顾客能够实时了解地下空间情况和应急措施等。本节重点描述区域、市政系统、主要灾害及突发事件的可视化信息，从而对地下空间安全管理可视化信息进行分类和梳理。

（1）重点区域可视化

通过第 3 章分析，综合管廊是最关注的安全区域，也是最需要进行可视化管理的区域。综合管廊一般集天然气、水、电力、热力、通讯五种管线于一体，对综合管廊的安全可视化管理可以通过以下方法加以实现：其一，安装传感器实时监控，监控管廊中的有毒气体浓度、温度、湿度、通讯系统是否通畅、供电系统电压电流是否正常等；其二，通过图表的形式展现综合管廊温度、湿度、空气流通性、CO 浓度、电流、电压等关键指标的变化信息和趋势；其三，通过风险预警系统，对发生的安全事故、存在的安全风险进行预警，并跟踪风险控制和应对情况；其四，对突发的重大安全事故，进行应急抢险工作流程和措施可视化，应将抢险的进展和事故全过程的可视化等。

（2）重点市政系统可视化

市政系统是城市的生命线，也是全部地下空间核心利益相关者都非常关注的安全管理问题。其中，供气系统由于其运送气体的危险性高、安全预防难度大、发生爆炸及中毒等事故危害严重等特点，其安全可视化管理需求更为迫切。供气系统可以通过安装在相应位置的传感器监控 CO 等有毒气体浓度，当超过预警上限时自动进行报警，并启动应急预案，可视化风险应对和事故救援流程，最大限度的利用可视化的信息系统，避免供气系统事故发生，降低事故发生带来的损失。

（3）重点灾害可视化

地下空间灾害事故频发，特别是火灾、水灾、中毒事件、恐怖袭击事件等特别引起地下空间核心利益相关者的关注。逃生路线可视化、灾害预警可视化、应急响应措施可视化、救援救灾流程可视化、灾害损失可视化等都是核心利益相关者对于灾害管理的可视化需求。

4.1.4.2 安全可视化管理内容体系

安全可视化管理内容框架模型包括两个维度，横坐标维度为利益相关者安全管理诉求，通过第3章调查问卷分析，得出了在地下空间安全管理中要进行重点关注的位置、设施、系统、突发事件、灾种需要进行重点关注，要进行可视化表达；纵轴为安全管理主要业务流程，包括风险分析与评价、风险预警与控制、安全隐患管理、应急响应与管理等流程，纵轴表明在地下空间安全管理中要进行可视化的流程和工作过程。横、纵坐标的交点则表示地下空间安全可视化管理的关键点，即安全可视化管理的主要内容，图4-3给出了地下空间利益相关者核心诉求可视化点，红色三角形标注的点为重要可视化点，绿色圆形标注的点为一般可视化点，未标注的交叉点可视化表达需求较低。模型从利益相关者诉求及安全管理流程两个视角，确定了安全管理关键点，分析确定了地下空间安全可视化管理的内容。

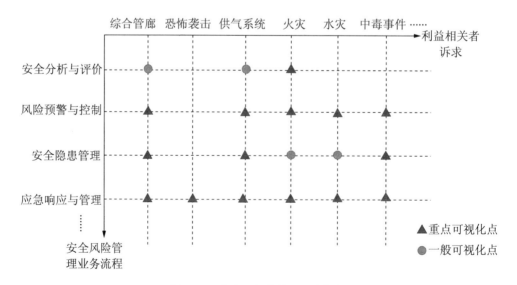

图4-3 安全可视化管理内容框架

4.1.5 安全可视化管理理论模型分析

在以上对于地下空间安全可视化管理的概念、内涵、特征分析的基础上，进一步构建安全可视化管理的理论模型体系。由于地下空间安全可视化管理研究处在起步阶段，需要有完整的理论框架和理论体系为支撑。本书构建了以概念层、基础理论与方法层、内容层、实现层、效应层为主体的地下空间安全可视化理论体系，如图 4－4 所示。

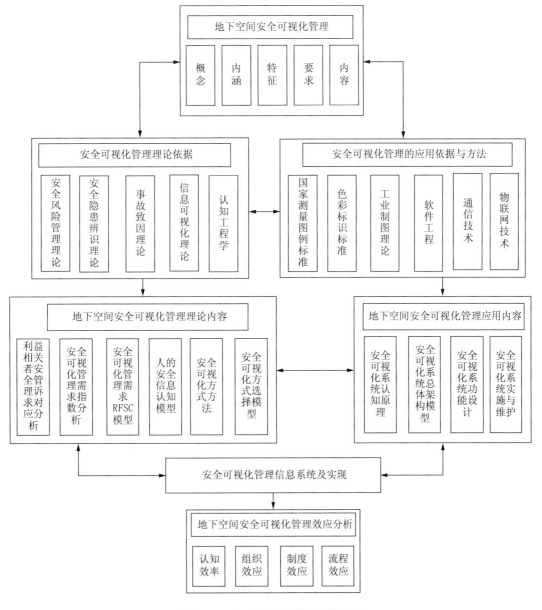

图 4－4 安全可视化管理理论框架

（1）地下空间安全可视化管理概念层

概念层是在分析地下空间安全管理现状和背景的基础上，对城市大型公共地下空间安全可视化管理基本概念的研究和定义。城市公共地下空间安全可视化管理定义在利用现代信息技术进行信息和知识可视化层面，并对安全可视化管理的内涵、特征、管理流程、内容进行分析。

（2）地下空间安全可视化管理基础理论及方法层

地下空间安全可视化管理基础理论包括安全管理理论、安全隐患辨识理论、事故致因理论、信息可视化理论、认知工程学等，在此基础上，进一步构建安全可视化管理理论。地下空间安全可视化管理的应用依据及方法主要由国家测量图例标准、色彩标识标准、工业制图理论、软件工程、通讯技术、物联网技术等组成。在我国用于地下空间的标注规范包括《城市规划制图标准（附条文说明）》（CJJ/T97—2003）GB 50038—2005《人民防空地下室设计规范》GB/T15608—2006《中国颜色体系》GB 2893—2008《安全色》等。

IT 技术又包括软件工程、通讯技术、物联网技术等。物联网技术主要应用于安全日常监控，包括射频识别（RFID)、红外感应器、全球定位系统、激光扫描器等技术[105]。软件工程技术主要在于构建地下空间安全管理信息系统，包括系统功能架构设计、系统数据库设计、系统集成等；通讯技术主要是对各监控系统收集的数据进行传输，包括网络节点、3G 网络系统、宽带网络系统等。

（3）地下空间安全可视化管理内容层

本书以安全工程学、信息可视化理论、认知工程学为基础，首先建立地下空间安全可视化管理理论内容，然后由其进行指导，构建地下空间安全可视化管理应用内容。

地下空间安全可视化管理理论内容主要由利益相关者安全管理诉求对应分析、安全可视化管理需求指数分析、安全可视化管理需求模型、人的安全信息认知模型、安全可视化方式方法、安全可视化方式选择模型组成。其中前三者组成了安全可视化管理需求理论，主要分析安全可视化管理在地下空间管理中的重要作用，确定核心利益相关者、安全管理核心利益诉求、具有可视化需求的工作过程、可视化内容等。安全可视化管理需求理论确定了安全可视化管理的对象，说明了可视化方式方法在地下空间安全管理过程中的重要需求。

安全可视化管理应用内容包括安全可视化系统认知原理、安全可视化系统总体框架模型、安全可视化系统功能设计、安全可视化系统实施与维护。其应用内容涵盖了安全可视化系统的各个方面，对建立地下空间安全可视化管理信息系统提供支持和保障，从而通过系统有效解决地下空间安全管理过程中负外部性大、隐蔽性强、救援及逃生困难等问题。

（4）地下空间安全可视化管理实现层

地下空间安全可视化管理的实现层重点是以理论内容和应用内容作指导，全面将安全可视化的思路进行实现，构建地下空间安全可视化信息系统，将安全可视化管理人的认知模型、信息系统认知原理、安全可视化管理方式方法及其选择模型等落实到实际应用中，并在实现中发现问题，及时对理论内容和应用内容进行补充和完善。

（5）地下空间安全可视化管理效应层

地下空间安全可视化管理效应层在实现层的基础上，全面对安全可视化带来的管理效果进行衡量和评估，在此基础上，进一步分析安全可视化管理的认知效率、组织效应、制度效应、流程效应。

框架中概念层在本章第一节进行了阐述，基础理论与方法层在本书第二章进行了阐述，内容层中理论内容的安全可视化管理需求相关理论在第三章进行研究，安全可视化管理认知模型在本章第二节进行研究，安全可视化管理信息系统构建及功能分析在本章第三、四节进行研究，安全可视化方式方法、安全可视化方式选择模型在第五章进行重点分析，安全可视化管理效应在第六章进行研究。

4.2　安全可视化管理认知分析

4.2.1　人的安全信息认知模型研究

在认知工程学的实验和阐释、认知过程模型及交通系统等应用的基础上，结合城市大型公共地下空间的特点，研究人在地下空间安全可视化管理方面的认知过程模型，即安全可视化管理作用机制，进而指导安全可视化管理信息系统的构建。城市大型公共地下空间由于其具有面积大、内部结构复杂、出口多、封闭性强、人流车流量大等特点，给人的认知过程造成了一定的阻碍。在综合分析瑟利模型、交通系统认知模型等的基础上，本书构建了城市大型地下空间安全可视化管理认知过程模型，分析安全可视化管理的作用机制。具体如图 4-5 所示。

如图 4-5 所示，本书建立了人的安全信息认知过程模型，人的安全信息认知和处理过程是一个闭合的反馈回路，通过安全信息获取与注意、安全信息比较与判断、决定行动与输出 3 个环节，对安全信息进行了认知和处理，具体如下：

（1）安全信息获取与注意

安全信息获取与注意分为 3 个步骤：第一，对地下空间安全信息从各个方面进行收集汇总，主要包括安全监控、风险评价、隐患管理、风险预警、应急响应等，形成地下空间安全可视化管理数据集合，进而进行视觉信息的获取；第二，在获取信息基础上，知觉过程为对获取的大量信息进行综合反映，并再加工为较为抽象的安全信息，然后对重要的、紧迫的安全信息进行有选择的集中和注意；第三，对于注意的安全信息在头脑中形成其区域位置的图像，并在此基础上，提取重要的属性。

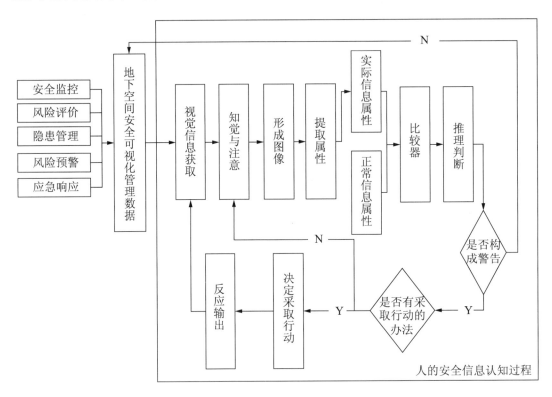

图 4-5　人的安全信息认知过程

（2）安全信息比较与判断

在安全信息获取与注意环节中，最终形成了实际信息的属性，本过程重点将实际提取的属性与头脑中原有的正常信息属性进行对比，经过对比的过程后，自然进行推理与判断，看实际信息是否构成警告，如果构成警告，进入下一个环节，如实际信息与正常信息对比未出现异常情况，则不构成警告，此时实际信息再次进入到地下空间安全可视化管理数据集合中。

（3）决定行动与输出

本环节对安全信息比较与判断环节构成警告的信息进行输出，首先要经过一个思考的过程，如何采取相应的行动，如果思考后有采取行动的办法，则做出采取行动的决定，并进行反应输出；如果思考后没有采取行动的办法，则要重新对获取的信息进行知觉和注意，重新进行信息的抽象、再加工与集中的过程。

以上为地下空间中人对安全信息的认知及处理过程模型，通过此模型的构建，可以全面了解人的整个认知及思维过程，是进行安全可视化信息系统设计的基础，也是安全可视化信息系统设计的最重要依据。

4.2.2　安全可视化管理信息系统认知模型研究

安全可视化管理信息系统认知总体过程与人类的认知过程协调统一。对于信息系统数据流情况，刘绪崇，雷卫军，曾小军等（2004）对数据挖掘和可视化表现上进行了相关研究，构建了基于OLAM的可视化数据挖掘系统模型，从数据挖掘部件、数据转换部件、过滤部件、展现部件四个方面进行了研究。而对于地下空间来说，其产生的数据量巨大，是地下空间维护维修、应急救援、日常管理的基础数据，加强地下空间的数据管理对地下空间安全使用意义重大[106]。本书在信息系统认知总体过程及可视化数据挖掘系统模型的基础上，结合地下空间安全管理实际情况，以及计算机处理数据的特点，构建了地下空间安全可视化管理信息系统认知模型，如图4-6所示。

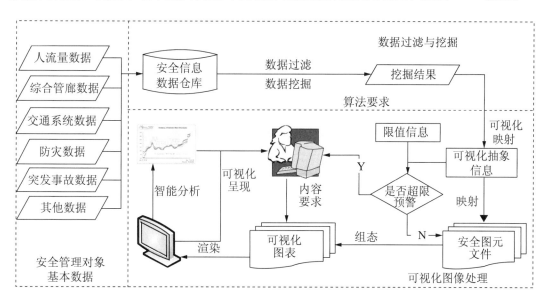

图4-6　安全可视化管理信息系统认知模型

安全可视化管理信息系统认知模型从三个方面进行了构建，包括安全管理对象基本数据、数据挖掘、可视化图像处理。

（1）安全管理对象基本数据

安全管理对象基本数据主要包括人流量数据、综合管廊数据、交通系统数据、防灾数据、突发事故数据等，本部分主要通过各种传感器及技术手段，对信息进行初步收集，并将各类信息存储到安全信息数据仓库中。

（2）数据过滤与挖掘

数据挖掘过程重点对存储在安全信息仓库中的数据进行处理，根据一定的数据过滤和数据挖掘的要求，利用聚类分析、主成分分析、因子分析等方法，对数据进行降维，去除掉没有利用价值的数据，完成数据过滤的过程；同时，利用数据挖掘（DM）和联机分析挖掘（OLAM）模型，深入分析数据结构及数据间关系，形成数据挖掘结果，并进行存储。

（3）可视化图像处理

可视化图像处理过程首先对挖掘结果进行抽象和可视化映射，形成可视化的抽象安全信息。其中一部分与限值进行对比分析，从而确定是否进行超限预警；另一部分抽象信息直接通过映射关系，转化为可视化图元，形成挖掘结果、可视化抽象信息、安全图元文件的对应关系。在此基础上，利用组态技术，对图元文件进行组合，同时集成其他相关数据，形成可视化图表。最终通过图形渲染技术、智能分析方法，对可视化图表进行在加工，从而更好地将数据可视化呈现在管理者面前。

4.3　安全可视化管理信息系统功能分析

地下空间安全可视化管理信息系统是实现地下空间安全可视化管理的基础和平台，近年来随着我国信息技术的发展，为地下空间安全管理可视化信息系统的构建和使用打开了大门。但是，我国现阶段地下空间管理过程中，只有在施工信息化发面有一定的发展[107]，在地下空间的运营使用阶段，相关信息化研究还在起步阶段，朱建明、刘伟、腾长浪（2009）对地下空间在运营使用阶段的相关数据，利用数据库技术，对其存储、分析、查询等过程进行了实证研究[108]。本节将在上一节信息系统认知原理分析及安全信息认知模型的基础上，对地下空间在运营使用阶段的安全可视化管理信息系统，进一步进行总体框架和模型的研究。

4.3.1　安全可视化管理信息系统设计目标

安全可视化管理信息系统要着重解决地下空间隐蔽性强、负外部性大、救援及逃生难等问题，以提高人的认知效率，缩短人的反应时间，可视化展现地下空间总体情况为主要目标。根据上文对人的认知过程模型以及信息系统认知模型的分析，结合地下空间利益相关者的核心利益诉求，确定了信息系统主要实现以下目标：

（1）地下空间三维动态模拟

利用地理信息系统（GIS），将测绘与地理信息存储于数据库中，实现地下空间数据的收集与管理；利用遥感技术（RS）收集全方位、跨时空的表层环境信息，进而实现环境动态监控；利用全球定位系统（GPS），对地下空间点进行准确定位和跟踪。3S技术（GIS、RS、GPS）在地下空间的全面融合，为地下空间安全可视化管理提供了有力的技术支持和保障。最终对 3S 技术收集的数据进行 3D－GIS 建模，实现对地下空间各区域、市政系统等的三维动态建模，并且模拟火灾、水灾等突发事件的应急处理流程。地下空间三维动态模拟是地下空间实现安全可视化管理的基础。

（2）安全实时监控

安全实时监控主要通过条形码、射频识别（RFID）、传感技术、定位系统、智能手机、智能卡等终端设备，获取收集地下空间的相关信息，并通过网络传输到服务器，并安全实时信息进行存储，并通过信息系统将信息进行实时展现，帮助日常管理者了解地下空间各系统运行状态、各区域位置情况。

（3）超限报警与信息推送

对于安全实时监控中超出限值的情况，信息系统立即进行报警，帮助管理人员及时锁定危险发生区域和发生的系统，并通过弹出窗口的形式，及时将代办理的工作和事务推送给管理者，提醒其立即进行处理。

（4）数据可视化统计

信息系统要建立统一的数据平台，在此平台上，实现数据的存储和共享。通过搜索功能，可以展示管理者需要的地下空间各类信息。并可通过统计分析平台，按照时间、空间、逻辑等相关要求，对地下空间数据进行分类管理和图表分析。帮助管理者快速掌握地下空间一段时间的整体情况。便捷的查询功能和跨时间、空间的整体数据图表统计，是地下空间安全可视化管理信息系统的一大目标。

（5）智能分析与辅助决策

智能分析和辅助决策主要是针对地下空间高层管理者，是安全可视化管理的高级阶段。通过对收集统计的各项信息进行集中，分析其内部相互关联关系，对其内在原因进行查找，并根据实际情况，给出管理的建议，辅助管理者进行安全管理方面决策。

4.3.2　安全可视化管理信息系统结构设计

在信息系统认知原理、信息系统设计目标、信息处理过程的分析研究基础上，本书结合地下空间位置深、功能全、开口多、面积大的特点，确定采用 B/S（Browser/Server，浏览器/服务器模式）的网络结构，起到简化开发、维护和使用的作用。地下空间安全可视化管理信息系统功能主要按照业务流程进行设计，包括 OA 协同、风险评价、安全预警、隐患管理、应急管理、智能分析六个模块，具体如图 4－7 所示。

通过按照安全管理业务对安全可视化管理信息系统进行设计，基本涵盖了地下空间安全管理的全过程、全区域，使得地下空间安全管理更加规范，大大提高安全管理工作效率和水平，具体如下：

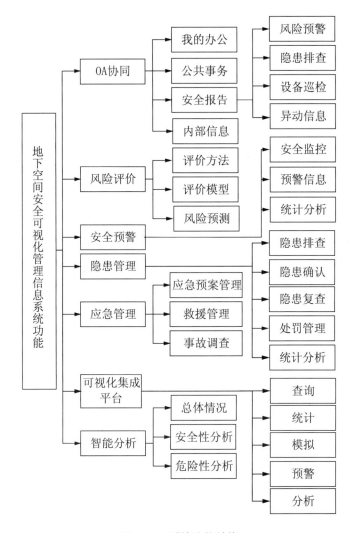

图 4-7 系统功能结构

（1）OA 协同

由于地下空间管理部门较多、业务流程较为复杂、管理区域范围广，所以不同的管理者其需求的信息存在较大差异，OA 协同模块可以实现对地下空间安全管理信息的定制功能，为不同的管理者提供其所需要的安全管理信息，并且能够形成安全报告，将出现的风险预警、隐患排查、设备巡检、异动信息等，及时进行推送和报告，便于相关人员组织进行处理。

（2）风险评价

风险评价是对专家进行风险判断的模拟，首先根据不同的风险确定风险评价方法，然后根据确定的评价方法，进一步确定评价模型，选取相关公式进行计算。在做好以上准备工作后，通过风险预测功能，输入模型需要的相关变量，通过计算，得到风险的半径、距离、影响程度等。

（3）安全预警

安全预警的首要功能是要对地下空间各区域、各系统、各灾种和突发事件进行实时监控，收集并反应相关运行状态信息。对于出现的异常信息、超限信息、警报信息等及时推送并预警。另外，对区域预警情况、各市政系统预警情况、各突发事件预警情况进行统计和分析。

（4）隐患管理

隐患管理功能实现对地下空间安全隐患全过程跟踪管理，确保将隐患及时发现、落实和整改。安全隐患的录入既可以通过运行监测系统自动对超出警戒值的情况进行录入，也可以通过人工排查登记录入，主要录入检查人、责任部门、区域地点、问题、隐患级别等跟踪信息，在系统中可以查询隐患处理情况，对实际治理情况进行记录跟踪，同时对发现的问题进行复查，并对未整改达到要求的隐患进行罚款。隐患管理模块可以通过统计分析功能针对地下空间所有安全隐患所处的状态，经过分析可以得出安全隐患多发区域、多发市政系统等，为加强安全管理提供依据。安全隐患的闭环管理模式，为安全隐患排查和安全管理决策提供参考依据，实现安全隐患、处理信息的实时反应。

（5）应急管理

应急管理是从方法的角度进行安全管理，包括应急预案管理、救援管理、事故调查。其中，应急预案管理又分为应急指挥体系、预案编制、预案演练等。应急预案管理是应急救援准备工作的重要内容，是及时、有序、有效地开展应急救援工作的重要保障，该模块提供应急预案的文件管理、事故预防、应急处理方法和预案演练等功能。救援管理主要在发生突发事件时，可以对应急救援工作进行指导，显示相关应急救援和事故上报流程，联系相关专家和救援组织，为应急救援工作的开展提供参考信息。事故调查可以对突发事故全过程进行回放，对事故进行原因分析。

（6）可视化集成平台

在地下空间安全可视化管理需求指数分析的基础上，重点将地下空间安全管理四个主要流程的具有可视化需求的工作过程，利用可视化方法进行集中展示的平台，在此平台上通过查询、统计、模拟、预警、分析五个功能，实现对地下空间全过程、全区域的安全管理（4.3.3将做重点分析）。

（7）智能分析

在以上安全管理的功能之上，系统可以对各个功能模块的数据进行关联分析，通过关联性的指标，反应地下空间整体情况，对地下空间安全性、危险性进行整体分析，并能够定位到各个区域和系统进行趋势分析和预测。便于高级管理者把握地下空间安全总体情况，并为其决策提供依据。

4.3.3 安全可视化管理集成平台功能设计

根据第 3 章对地下空间安全可视化管理需求指数的分析，可以得到在地下空间运营阶段安全管理中共涉及政府、地下空间运营管理者、顾客三个利益相关者；其主要关注综合管廊、供气系统、火灾、水灾、中毒事故、恐怖袭击事故六个因素；重点涉及到的安全管理流程为安全风险分析与评价、安全预警与控制、安全隐患管理、应急响应与管理四大流程；共通过可视化需求指数的计算分析得到 14 个可视化点。根据第 3 章分析结论，本节将针对可视化需求指数高的 14 个可视化点，通过可视化集成平台设计，将其重点进行安全可视化表达，提高地下空间安全可视化管理系统的针对性和准确性，切实满足利益相关者的诉求。

如表 4-1 所示，对 14 个可视化点进行了功能设计，组成了可视化集成平台主要功能，包括查询、统计、模拟、预警、分析。涵盖了所有地下空间安全可视化管理业务流程和工作过程。通过可视化集成平台可以实现对于地下空间全过程、全区域的安全管理。

表 4-1 可视化集成平台功能分析

序号	流程	可视化点名称	需求指数	对应可视化集成平台功能
1	安全风险分析与评价	危险源位置	1.6	查询：以区域、危险源系统为单位查询 统计：统计各个区域和系统危险源情况
2		风险伤害模型模拟	1.6	模拟：火灾热辐射、爆炸伤害半径、中毒区域模拟 查询：各类模拟结果和数值查询
3		危险源风险情况位置	1.6	分析：对危险源级别和事故发生概率进行分级 查询：以区域为单位分级显示危险源、事故概率
4	安全预警与控制	预警信息统计	1.35	分析：将预警信息按风险大小分级 预警：将预警信息直观表示在地下空间整体地图上
5		预警信息发布	1.55	分析：按不同等级的预警确定不同的发布范围 查询：预警时间、区域及系统、等级、措施查询
6		风险控制及应对	1.8	统计：对不同事故及风险给出解决办法及注意事项 查询：根据不同事故选择不同的应对措施 分析：主要流程、参与人员、关键环节等进行分析
7		风险预警解除	1.45	预警：显示已解除并恢复正常状态的安全预警 查询：对现有预警及已解除预警进行查询

表 4-1（续）

序号	流程	可视化点名称	需求指数	对应可视化集成平台功能
8	安全隐患管理	安全隐患位置	1.3	统计：将检查发现的安全隐患全面展现在位置图上 查询：按区域、责任人、类型、级别等分类查询
9		安全隐患情况统计	1.35	统计：对录入、确认、整改不同状态隐患分类统计 分析：对整改率、隐患多发区域等进行分析
10	应急响应与管理	报警信息表示	1.55	预警：报警时间、位置、级别、类型、伤亡等 查询：对应发生的报警事件进行查询
11		应急预案流程表达	2.0	统计：此类事故发生备选应急响应措施 分析：步骤、联络人员、上报流程、关键环节等
12		逃生路线表示	1.55	模拟：对火灾、水灾、气体中毒、恐怖袭击、地表塌陷等事故模拟逃生路线，指挥人员撤离
13		救援情况与事态控制	1.35	查询：对救援人员、措施、封闭道路等信息查询 预警：对事态是否得到控制进行报告
14		事故全过程表示	1.1	统计：统计事故发生持续时间、救援人员、损失 分析：全过程回放，对持续时间、参与人员分析

4.4　安全可视化管理信息系统框架体系

　　安全可视化管理信息系统总体框架体系是在综合本章上述各节的基础上，进行展开设计的。安全可视化管理信息系统框架体系分为两个部分，即信息系统总体模型与信息处理过程，其中总体模型以安全可视化管理内涵、特征、需求等为依据，以功能应用为主要内容；系统信息处理过程在人的认知过程模型、人的安全信息认知模型、信息系统的认知原理的基础上得到。

4.4.1　信息系统总体模型

　　在安全可视化管理内涵、特征、需求及系统功能分析的基础上，依据顶层设计方法论，结合物联网技术与可视化管理理念，设计了城市大型公共地下空间安全可视化管理信息系统总体框架，由感知控制层、网络基础设施层、信息资源层、应用系统层、门户层组成，五个层次互为支撑；信息化标准、信息安全、管理运维三套支撑体系贯穿各个层面。其总体架构如图 4-8 所示。

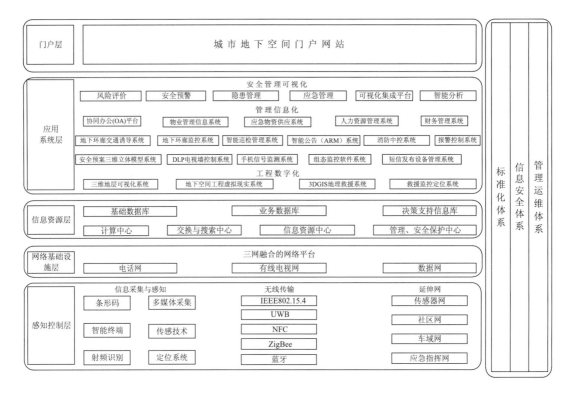

图4-8　安全可视化管理系统总体框架

（1）感知控制层

感知控制层如同人的各种感觉器官，是计算机获取物理世界信息的首要环节，包括三个部分：信息采集与感知、无线传输、延伸网。其中，数据采集与感知主要用于采集物理世界中发生的事件和数据，主要采集方式有条形码、射频识别技术（RFID）、传感技术、定位系统，以及智能手机、平板电脑、智能电视、智能卡等终端设备。无线传输主要将数据采集与感知产生的数据接入网络，主要包括 IEEE802.15.4、UWB、NFC、蓝牙、ZigBee 等技术等。延伸网指附属于传统电信网的用户接入点的网络，主要包括传感器网、家庭网、应急指挥网、车域网等。

（2）网络基础设施层

网络基础设施层主要实现电信网、计算机网和有线电视网三大网络的融合，提供包括语音、数据、图像等综合多媒体的通信业务，形成适应性广、容易维护、费用低、高速宽带的多媒体基础平台。表现在技术上网络互联互通，业务上交叉渗透，应用上协议统一，服务多样化、多媒体化、个性化。

（3）信息资源层

由于地下空间数据具有多维度、多类型、多时相的特点，因此要提供能够跨层级、跨部门、跨业务的数据交换和业务协同，信息资源层正是建立了地下空间的各种数据库，包括基础数据库、业务数据库、数据安全体系、数据管理与维护体系等，实现数据的采集、转换、传输、交换、共享，并保证各环节安全及稳定运行。

（4）应用系统层

城市公共地下空间信息化体系的核心是应用系统层，其主要包含三化：工程数字化、管理信息化、安全管理可视化。其中工程数字化与管理信息化是基础，安全管理智能化是在其数据基础上更综合的应用。

其一，工程数字化的技术基础为 3D‐GIS、地质体建模、可视化与虚拟现实技术，地下空间安全管理中，工程数字化运用计算机图形学和图像处理技术，将地下空间管道、环廊等数据以图像、二维图形、三维图形或动画效果进行展示，在此基础上，对数据进行分析，以便管理者及时掌握地下空间变化的信息。

其二，管理信息化是将现代信息技术与先进的管理理念相融合，将地下空间的各系统、各区域、各种设备等进行全面管理，并通过系统上传数据，够实现实时监控，对出现的异常信息进行预警和报警。当前我国地下空间管理信息化方面，多是不同层次、不同领域的各种信息系统并存，多数情况是用户自行设计、自行开发使用，因此我国地下空间现对协同的信息平台的需求程度较高。

其三，当前我国大部分城市公共地下空间信息化建设主要集中在工程数字化和管理信息化上，对于安全管理可视化建设的研究与应用较少。安全管理可视化是在工程数字化、管理信息化基础上，信息系统更加综合的应用，其可以对分布范围广的地下空间进行实时数据的采集、存储和监控，其涵盖了安全风险评价、安全预警、安全隐患管理、安全应急管理、可视化集成平台。能够实现对安全信息的智能化分析，在提高管理者决策水平，杜绝安全事故的发生等方面起到了重要作用。

（5）门户层

门户层是直接面向对象并提供服务的一层，位于安全可视化管理信息系统最顶端，是各应用系统中应用构件整合和部署的平台，其把分立系统的不同功能有效地组织起来，为各类用户提供一个统一的、界面友好的信息发布和服务的入口[109]。

（6）配套体系

安全可视化管理信息系统配套体系包括标准化体系、信息化安全体系、管理运维体系。三个体系是系统的重要保证，起到规范系统建设、保证系统信息安全的作用。

其一，标准化体系是在地下空间信息系统建设中技术开发、系统建设、运行、管理过程中遵循的各种规范、协议和技术范本，为地下空间各系统建设提供依据，并保证系统间数据能够共享。

其二，信息安全体系在各层面为信息化提供机密性、完整性、可用性等安全服务，主要涉及安全管理、安全协议、加密、签名与认证、密钥管理、安全评测等方面。

其三，管理维护体系涉及感知层、基础层、信息资源层、应用层、门户层各个层面的技术和运维管理。

4.4.2 系统信息处理过程

在安全可视化管理信息系统总体模型的指导下，在对人的认知过程模型、人的安全信息认知模型、信息系统的认知原理分析的基础上，本书对安全管理信息系统的总体信息处理过程进行分析，包括信息采集、信息存储、信息处理、信息显示四个过程，并确定了每个过程要实现的目标，具体如图4-9所示。

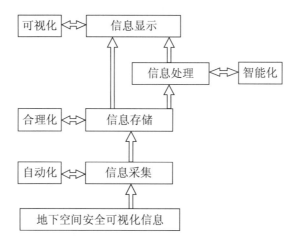

图4-9 信息处理过程

（1）信息自动化采集

条形码、射频识别技术（RFID）、传感技术、定位系统等技术手段及终端设备进行数据采集时，要以自动化为目标。由于城市大型公共地下空间在地下分布有三层至四层，区域面积大、开口多、综合管廊内部较为密闭等特点，安排人员进行巡检的工作量大，而安全可视化管理信息系统通过自动化的数据采集，能实时监控各区域、各系统运行情况，既快速掌握一手信息，还节省了大量的人力成本。

（2）信息合理化存储

在地下空间安全相关信息收集后，在服务器中对数据进行存储。由于地下空间涉及子系统多、各系统间存在联系，采用过去的分散式架构进行信息存储，会出现服务器多、资源浪费、数据分享困难、管理困难等问题。信息合理化存储过程可以利用虚拟化数据中心，采用虚拟化解决方案，实现资源动态分配、数据集中存储，并可以根据子系统添加服务器，提高了数据的集中性、安全性、管理维护效率等，有效地降低成本和能源消耗。

（3）信息智能化处理

信息智能化处理是在信息统计分析的基础上，向深层次挖掘的过程。信息智能化处理包含两个环节：数据关联分析和智能分析。

数据关联分析是对各相关系统的数据进行关联，确定数据流的点、线、面，点最为基本的数据单元，线为数据单元间的相互逻辑关系，面为由各个相关联的数据联系组成的信息关联共享体系。通过线将分散的点连接起来，从而形成地下空间安全可视化管理数据关联面，确保数据在信息系统内部互通互联。

智能分析是在数据关联后，可以跨子系统的数据进行趋势分析、预警分析、对比分析、因果分析、流程分析等，对分析中出现变动或者异常的数据进行提示，给出一定的异动原因和解决办法，为地下空间安全管理者进行决策提供依据。

（4）信息可视化显现

信息系统的信息可视化展现是对于存储的信息通过三种可视化方式（基于时间的可视化方式、基于空间的可视化方式、基于逻辑的可视化方式）或者三种方式的组合进行展示，便于管理者迅速理解和掌握信息，是本书第5章研究的重要问题，通过第5章研究，分类确定信息可视化方式方法，实现信息显示可视化的目标。

第 5 章　城市公共地下空间安全管理可视化方式及选择方法研究

本章将在第四章安全可视化管理理论与信息系统的基础上，针对地下空间安全可视化方式及其选择方法进行重点研究。本章从地下空间安全可视化管理的方式入手，分析时间、空间、逻辑及复合的可视化方式；在此基础上，建立可视化方式选择 VAFT 模型，重点分析最适用可视化方式的选择方法，以综合管廊安全预警的可视化方式进行示例分析。并按照 VAFT 模型，确定了安全可视化管理集成平台主要功能的最适用可视化方式，为安全可视化管理信息系统构建提供指导。本章最后，通过认知实验，证明了 VAFT 模型选择的最适用可视化方式在地下空间安全信息认知过程中认知时间最短。

5.1　安全管理可视化方式研究

根据表达对象、表现形式不同，可视化表达方式存在不同的分类。可视化方式研究主要集中在对于知识可视化问题上。知识可视化起步于马丁·普尔（Martin J. Eppler）和雷莫·伯克哈德（Remo A. Burkhard）（2004）[110]的研究，其发表的《知识可视化——通向一个新的学科及其应用领域》对知识可视化的定义和表征方法进行了系统阐述，其将知识可视化表征分为了启发式草图（Heuristic Sketches）、概念图表（Conceptual Diagrams）、视觉隐喻（Vistual Metaphors）、知识动画（Knowledge Animations）、知识地图（Knowledge Maps）、科学图表（Scientific Diagrams）六种类型。布卡德（R. A. Burkard）（2005）[111]在其出版的《向建筑师学习：知识可视化与信息可视化之间的差异》中将知识可视化方式归类为素描、图表、地图、图像、实物、交互式可视化、视觉/故事七大类别。乔纳森（D. H. Jonassen）（2008）[112]在其出版的学术专著《用于概念转变的思维工具——技术支持的思维建模》一书中，将知识可视化的表征手段进一步扩展到了促进知识创造与传递的更多的视觉表征手段。

对以上知识可视化表征方式的研究进行总结，并针对地下空间安全管理领域，按照从简单到复杂的顺序，可以加以利用的可视化方式包括数字化图片、数字化图形、计算机动画、计算机视频等。以上四种可视化方式在地下空间安全管理领域应用过程中，还需要结合安全管理的特点，从安全管理实践中加以总结，将地下空间安全管理可视化方式分为了基于时间的可视化方式、基于空间的可视化方式、基于逻辑的可视化方式、复合可视化方式。

5.1.1　基于时间的可视化方式

在信息可视化、知识可视化研究领域，主题河（Theme River）[113]、时间管道（Time Tube）[114]、进程线图[115]等是基于时间的知识可视化表征方式。而对于地下空间安全管理领域来说，基于时间的可视化方式是通过时间进程等直观地反应安全管理数据和变化的图形化方式。基于时间的可视化方式可以系统地梳理安全问题，发现安全管理对象异常情况，统计分析安全管理数据等，在地下空间安全可视化管理应用广泛。通过分析总结，本书得到了以下三种基于时间的地下空间安全可视化方式。

（1）时间数据表

基于时间的数据表是可视化管理的重要表达方式，也是最基础的可视化方式。数据表在地下空间安全可视化管理过程中，主要进行统计和汇总分析，便于管理者集中掌控其关注的核心问题随时间变化的情况。在地下空间安全监控中，数据表可以汇总一段时间的重点控制目标情况。例如对于地下空间综合管廊的监控，基于时间的数据表可以将综合管廊Ⅱ段温湿度情况以时间为单位进行统计，绘制表格，便于管理者掌握24小时内的综合管廊温湿度变化情况，并针对存在的问题进行决策。具体如表5－1所示。

表5－1　综合管廊Ⅱ段湿度数据表　　　　　　　　　　　　　　　　%

时间/时	0：00	2：00	4：00	6：00	8：00	10：00	12：00	14：00	16：00	18：00	20：00	22：00
天然气管廊	25	31	21	26	32	37	38	35	42	39	37	25
电信管廊	37	41	38	41	45	38	37	47	41	38	47	51
水管廊	47	53	56	58	53	59	50	41	42	40	58	54
电力管廊	20	24	32	32	36	38	35	31	28	29	34	31
热力管廊	11	10	14	16	18	16	20	26	21	17	19	18

（2）时间分析图

基于时间的分析图是地下空间安全可视化管理的最主要可视化方式，也是最常用的可视化方式。可以将数据间的数量变化、各种工作进程等通过折线图、柱状图、进程图等表现出来，便于管理者及时了解异动信息，及时制定应对策略。在地下空间安全管理的状态监控、安全隐患统计分析、安全预警信息分析、危险源统计中，基于时间的分析图可以发挥重要作用。例如对地下空间空调系统的可视化表达与分析，图5-1给出了空调系统运行情况。

根据图5-1各个时间点的空调系统运行情况，可以对其主要监控对象——送风温度和回风温度进行分析，得到基于时间的分析图，如图5-2、图5-3所示。

送风及回风温度变化分析图可以将送风及回风温度随时间的变化趋势反映出来，同时可以根据设定的最高控制值、最低控制值进行超限预警，图5-2、图5-3中22点监控值低于了最低控制值，分析图可以给出预警。同时，分析图可以进行趋势分析，通过指数、线性、对数、多项式、移动平均等方法，对监控值进行回归分析，确定其随时间变化的总体走势。

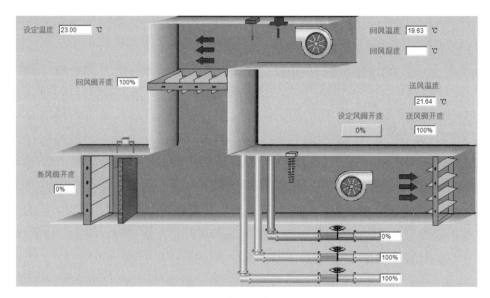

图5-1 空调系统运行监控

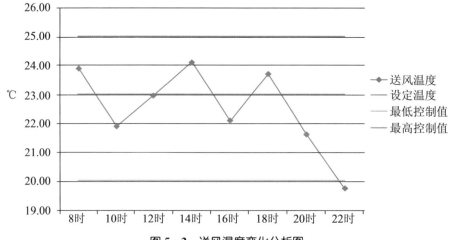

图5-2 送风温度变化分析图

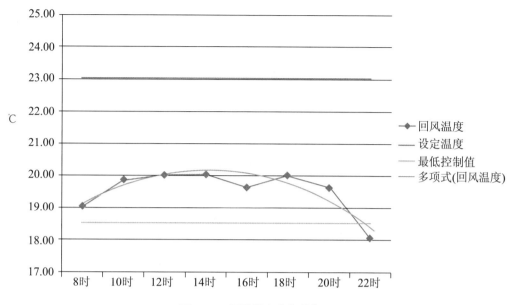

图5-3 回风温度变化分析图

又如在地下空间安全隐患管理过程中，特别是对于重点安全隐患，运营管理者要了解其所处的隐患管理状态，包括：隐患录入状态——隐患确认状态——隐患整改状态——隐患复查状态——处罚状态。根据各个隐患所处状态的不同，全面掌控地下空间安全隐患，具体如图5-4所示。

ID	安全隐患	安全隐患状态				
		隐患录入	隐患确认	隐患整改	隐患复查	处罚
1	照明镇流器烧毁					
2	购物中心C303消防卷帘门故障					
3	消防手动按钮报警器故障					
4	消防通道有纸箱堵塞					
5	步行街23#摄像头黑屏					
6	711南卷帘门脱离滑道					

图5-4 安全隐患处理进程图

5.1.2 基于空间的可视化方式

基于空间的可视化方式研究集中在地理信息系统（Geographic Information System 或 Geo－Information system，GIS）相关领域，较为成熟的技术手段包括虚拟现实技术（Virtual Reality）、交互式可视化技术。虚拟现实技术是一种人机界面交互技术[116]，也是一种新的模拟人在自然环境中各种感觉的描述方法[117]。其能够帮助人创建、产生、体验虚拟的计算机环境[118]，虚拟现实技术与地理信息系统相结合，在虚拟校园[119]、露天采矿[120]、土地规划管理[121]、输电网络[122]、城市街道[123]等领域全面推广应用。交互式可视化技术是用户对对象进行操作和使用以及可视化模型与对象间的互动[124]，可视化模型通过聚集、数据转换、排序等操作方式，将数据表达成为图，然后通过复杂符号表达、试图组织、多色彩组织等数据表现方式，与人进行交互[125]。基于地理信息系统的交互式可视化技术在城市规划[126]、水利水电[127]、地下管网[128]等领域有所应用。对于地下空间安全可视化管理来说，基于空间的可视化方式可以准确定位危险源、安全隐患、安全预警情况、突发事故的位置，并结合相关分析，给出等级判断。在地下空间安全风险分析与评价、安全预警与控制、安全隐患管理、应急救援等方面，基于空间的可视化方式有很大的应用空间。基于空间的可视化方式主要包括以下几种：

（1）空间模拟地图

在地下空间安全可视化管理过程中，空间模拟地图是最重要的基于空间的可视化方式，模拟地图分为三种显示形式：三维显示地下空间总体情况、分层显示某层情况、具体显示某系统情况。其中，危险源位置情况、安全隐患位置情况、安全预警情况、安全突发事故情况等均通过分层显示模拟地图和具体显示模拟图表达，例如某地下空间管廊层与交通系统，其表达形式如图5-5、图5-6所示。

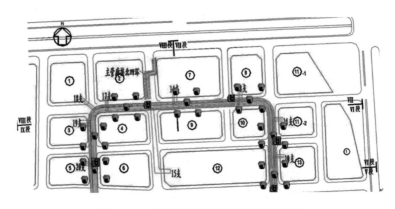

图5-5　地下空间市政管廊层模拟地图

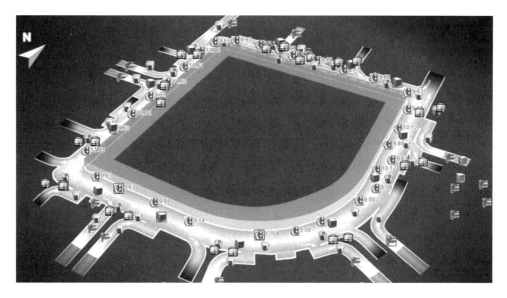

图 5-6　地下空间交通环廊模拟地图

图 5-5、图 5-6 给出了地下空间市政管廊及交通环廊的模拟地图，在地图上可以清晰看到市政管廊及交通环廊的总体情况，并对出现的安全预警和突发事件，可以在模拟地图上进行实时报警，便于管理者定位问题发生位置，迅速采取应对措施。

（2）模拟动画

模拟动画在地下空间安全可视化管理中，越来越发挥了重要作用。模拟动画在安全监控方面可以对监控的给排水系统水流情况及开关情况进行模拟展示，对空调机组及变配电设备运行情况模拟展示；在应急预案演练方面，可以通过动画的形式展示发生紧急情况下运营管理人员对应措施和主要工作，协助进行应急预案演练；在应急救援路线表达方面，可以当发生突发事件时，及时以动画的形式直观展示逃生路线图及注意事项；在事故发生原因分析方面，可以全程回放整个事故发生的经过和主要危险来源；在危险源评价方面，可以动态展示火灾热辐射范围、气体爆炸伤害半径、中毒事件扩散路径、固体火灾伤害半径等。固体火灾伤害半径模拟动画具体如图 5-7 所示。

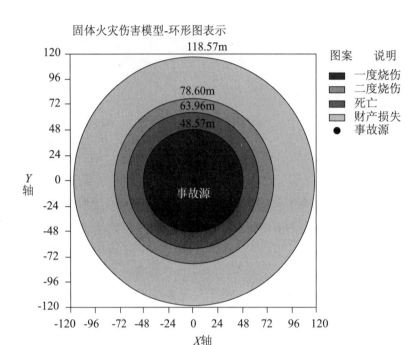

图 5 - 7　固体伤害模型的模拟动画图

5.1.3　基于逻辑的可视化方式

在地下空间安全管理过程中，基于逻辑关系的可视化主要包括以下几类：

（1）并列关系可视化

并列关系是基于逻辑可视化方式中对有相同特征的一类可视化对象的表达，可以分为：其一，处于同一位置的并列关系，通过可视化方式将在同一位置的不同对象的状态进行表达，例如对于地下空间综合管廊某个位置的温湿度监控，如图 5-8 所示；其二，对于同一类别的可视化对象，并列表达其各项参数和指标，例如对于地下空间所有空调机组设定温度、送风温度、回风温度、设定风阀开度、回风阀开度等，可对其进行并列的可视化表达；其三，对同一系统、不同区域进行并列的可视化表达，例如对于综合管廊不同区段的 CO 浓度进行监控的数据，按照其位于的区段不同，并列表示。

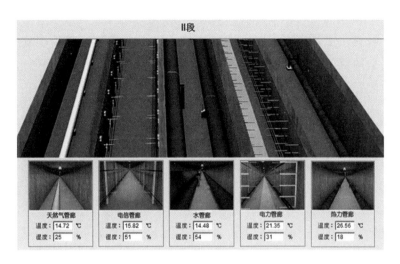

图 5-8 综合管廊 Ⅱ 段温湿度监控

（2）对比关系可视化

在地下空间日常管理及安全管理过程中，对比关系是在并列表示的基础上，将可视化对象间存在的差异明确表现出来，以便于管理者及时掌控差异信息，做出管理决策，达到安全管理目标。基于对比关系的可视化方式在地下空间人流、车流、停车场管理等方面，能够发挥其重要作用。如图 5-9 所示，对于地下空间停车场的动态监控管理，可以通过对比分析，得出地下空间停车场的停车情况，按照使用率疏导协调停车，避免因为车辆过多发生交通事故。

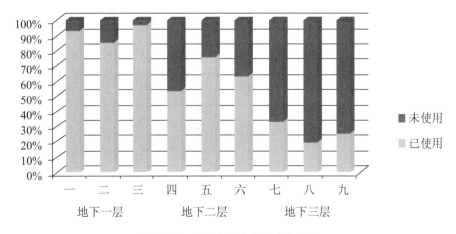

图 5-9 地下空间停车场停车情况

（3）因果关系可视化

在地下空间安全管理过程中，因果关系可视化表达方式主要用于分析安全预警、安全突发事故的原因，以协助管理者及时准确定位突发情况的起因，并从源头采取应对措施，消除事故影响。

因果关系可视化主要应用于以下情形：其一，安全预警。在出现安全预警时，能够准确定位安全预警位置、出现的主要异动信息等，并能结合预警区域附近安全隐患情况，分析导致异动信息的主要因素，给出常见故障下的主要原因分析。其二，在地下空间安全总体情况评价分析过程中，对于安全总体情况得分较低的区间，进行原因分析，查找安全管理薄弱区域或系统，重点进行安全排查和管理。其三，在安全事故总结分析过程中，运用质量管理领域鱼刺图进行分析，确定整个事故发生的过程及前因后果。

（4）流程可视化

流程可视化是在地下空间安全管理过程中，最常用的基于逻辑的可视化方式。流程可视化主要通过流程图的形式，将地下空间安全管理过程中重要性、紧急性、复杂性较高的业务流程展现出来，便于地下空间管理者、顾客等迅速了解应对策略和流程，并在此过程中起到提醒和督促的作用。流程可视化在地下空间安全管理过程中，主要应用于安全隐患状态查询、安全预警与应对流程、安全应急救援、安全预案演练等方面。例如，当地下空间交通环廊出现火灾时，经过调研分析，总结了地下空间火灾紧急处理流程，如图5-10所示。

5.1.4 复合可视化方式研究

复合可视化方式研究主要是对基于时间的可视化方式、基于空间的可视化方式、基于逻辑的可视化方式加以组合，通过多种可视化方式表达，以更好地实现管理目标，提高信息获取的准确度及速度。复合可视化方式在地下空间安全管理中主要适用的复合可视化方式包括：

（1）时间与空间可视化方式

时间与空间可视化方式是以具体空间区域为基础，在重点位置加以时间点来进行描述，从而通过一个视图平面，把握空间和时间的相互关系。例如，可以在一张区域平面图中，可视化显示预警点和安全隐患点，同时显示各点的预警时间和安全隐患从发现到整改完成的持续时间。

由于视频可以反映带有时间属性的空间情况，描述对象的运动和行为，因此视频是一种时间与空间可视化方式。视频方式是地下空间通过安装摄像头对关键区域和场所进行实时监控的重要手段。基于时间的可视化方式要求视频能够实现流媒体转发及回放功能，可以实时调取存储在服务器内的视频进行查询和播放。流媒体转发和回放视频可以帮助寻找事故发生原因、查找异常因素，并且还能实时监控地下空间各重点区域和场所。

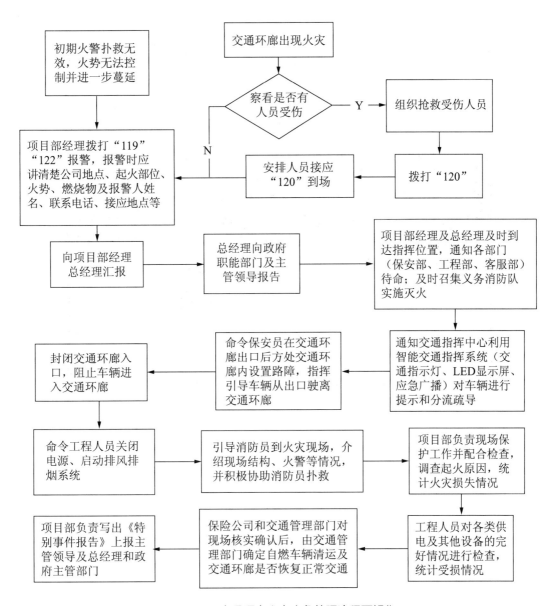

图5-10　交通环廊火灾应急处理流程可视化

图 5‑11　地下空间视频监控

（2）时间与逻辑关系可视化方式

时间与逻辑关系可视化方式包括四种，时间与并列关系、时间与对比关系、时间与因果关系、时间与流程可视化。以上四种复合可视化方式，在原逻辑关系表达的基础上，按照时间顺序，加入各个点的时间值，逻辑与时间相结合表达，可以为运营管理者提供时间依据，更好地掌控运行状态、发现异动信息、提高应对突发事件效率。图 5‑12 给出了时间与因果关系可视化方式，通过此图能清楚掌握近期地下空间安全问题及其整改情况。

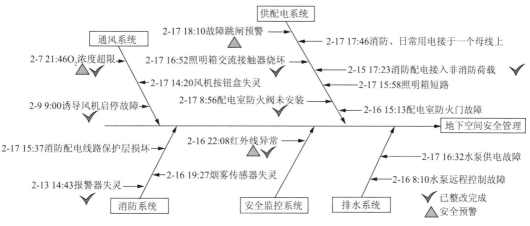

图 5 - 12 安全问题分析图

（3）空间与对比关系可视化方式

将基于空间的可视化方式与对比关系可视化方式相结合，得到的复合可视化方式能够更好地对比分析各个区域、各个系统存在的差异和变化情况，从而为运营管理者日常管理和管理决策提供支持。例如，对于停车场的车流情况进行监控，如图 5 - 13 所示。

从图 5 - 13 可以清楚看到，C 区车库共有地下一、二、三层共九个停车场，在各个停车场中，红色区域表示已经停放了车辆区域的车辆总数，绿色区域表示了本停车场还能停车数。通过空间——对比关系可视化方式，可以准确判断各个停车场的车位空余情况，并得出地下二层停车较少，并做出适当关闭地下一层停车场的决策，以疏导车辆进入地下二层停车场，从而达到避免交通拥堵和事故发生的目的。

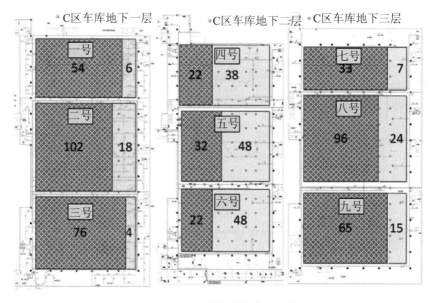

图 5 - 13 地下停车场停车分布情况

（4）时间、空间与因果关系可视化方式

时间、空间与因果关系可视化方式在地下空间安全管理过程中，主要应用于地下空间安全预警原因分析。通过时间、空间、因果关系可视化方式，可以协助运营管理者确定安全预警的出现原因，定位需要采取相应措施的区域、机器或设备。图5-14给出了地下空间支管廊安全预警原因分析，从图中可以清楚发现变配电设备预警的主要原因是当天出现了两台配电箱安全隐患，引发了变配电系统预警。

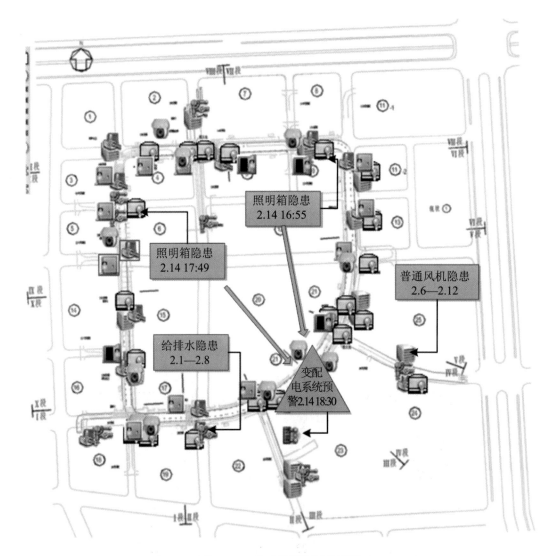

图5-14　安全预警原因分析图

（5）时间、空间与流程可视化方式

时间、空间、流程可视化方式对于地下空间复杂安全管理问题的分析具有一定的使用价值。对于分析在每个区域内，按照时间顺序，发生的一系列事件，通过箭头相连。其既可以确定各个事件发生的位置和时间，也可以明确各个事件发生的先后关系，在地下空间安全事故处理全过程、安全风险预警及应对全过程等复杂问题和流程分析中，有一定的实践意义。

5.2 安全可视化方式选择方法研究

地下空间安全可视化方式选择过程是一个系统工程，其涉及地下空间人、机、物、环等多个方面，是多个因素共同作用、优选得到最佳可视化方式的过程。结合地下空间安全管理负外部性大、隐蔽性强的特点，将影响地下空间安全可视化管理方式选择的主要因素归纳为四个方面：业务流程、行为场所、行为主体及目标、行为客体及属性。本节将首先对安全可视化方式选择过程中的以上四种影响因素进行分析，进而说明可视化方式选择的主要方法，在以上研究基础上，最终得出地下空间安全可视化方式选择模型。

5.2.1 可视化方式选择要素分析

可视化方式选择要素分析是可视化方式选择的基础步骤。要素分析主要分析对可视化方式选择影响较大的因素组成及分类，影响可视化方式选择的要素整理总结可以分为以下四种。

（1）安全管理业务流程分析

安全管理业务流程是安全可视化管理的核心，各个可视化对象、可视化内容及可视化方式均围绕安全管理业务流程展开。安全管理业务流程的确认，在可视化方式选择过程中，处在首要位置。在地下空间安全管理过程中，业务流程包括安全日常监控与管理、安全风险分析与评价、安全预警与应对、安全隐患管理、应急响应与管理五个主要流程。其中，后四个流程在第三章进行了全面阐释，并总结分析了各个流程的主要工作过程。对于安全日常监控及管理业务，主要是对地下空间的各个区域和系统的使用进行监控，及时发现问题并进行维护、修理和应对。

（2）安全管理行为场所分析

地下空间由于其在地下的特殊性，其区域划分与传统建筑有一定的区别，对地下空间场所进行划分和梳理后，本书将地下空间安全管理行为场所划分为三大类[129]，分别是地下空间交通空间、地下市政公共设施空间、地下公共服务空间。各个大类又可以进行细分，具体如图5-15所示。

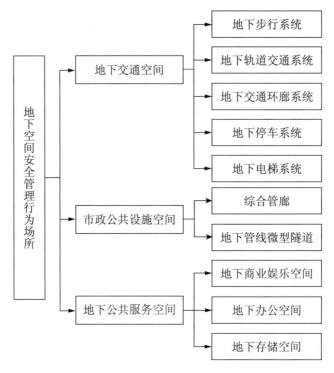

图5-15 安全管理行为场所细分

（3）安全管理行为主体及目标分析

地下空间安全管理行为主体是指对地下空间安全及其管理工作存在利益相关关系，关注地下空间安全情况和管理水平，并参与到某些地下空间安全管理的工作中的人员。地下空间安全管理行为主体不仅包括地下空间运营管理者，还包括政府相关职能部门工作人员、地下空间商户、地下空间顾客等。

安全管理行为主体在关注地下空间安全管理问题时，由于其出于不同的安全管理目标和目的，其对可视化方式的选择不尽相同。政府相关职能部门管理人员安全管理目标在于综合管理和宏观管控，同时在出现重大安全事故时，能够进行统一的应急指挥。地下空间运营管理者目标侧重于日常使用和维护，而商户更加关注物品的存放安全与紧急避险，顾客在安全方面的主要目的在于应急避险。

（4）安全管理行为客体及属性分析

地下空间安全管理行为客体主要是安全管理行为作用的对象，主要可以分为两个大类——设备设施类、区域环境类。其中，设备设施类包括摄像机、空调机组、普通风机、诱导风机、照明箱、门禁系统、给排水、变配电、红外报警、消防设施、交通诱导系统等；区域环境类包括综合管廊环境、交通环廊环境、停车场环境等。

针对不同的地下空间安全管理行为客体，不同的安全管理主体所关注的客体属性不同，对于设备设施类，安全管理客体属性主要包括完好率、速度、时间、启停状态、功率、电压、电流、水位等属性；对于区域环境类属性主要包括面积、容量、温度、湿度、人流量、浓度、位置、半径等属性。

5.2.2　可视化方式选择方法分析

地下空间安全管理可视化方式选择方法在安全管理业务流程、行为场所、行为主体及目标、行为客体及属性的共同作用下，总体来说分为五个主要步骤，具体如图 5－16所示。

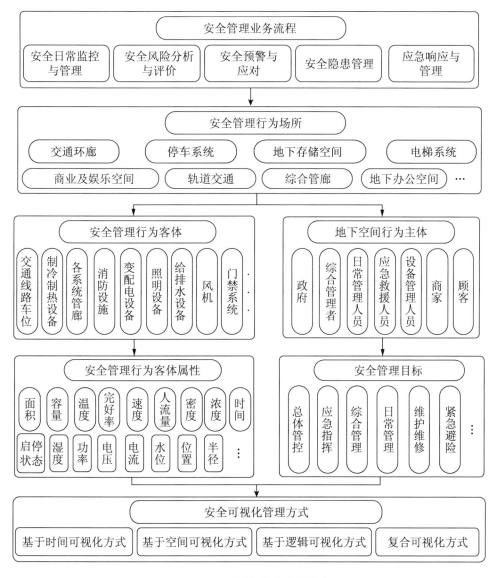

图 5－16　可视化方式选择方法

地下空间安全管理可视化方式选择方法包括五个步骤，分别为：

第一，确定需要进行可视化的安全管理业务流程、安全管理行为场所。安全管理业务流程确定为首要步骤的原因是，地下空间安全管理可视化研究始终是围绕安全管理业务流程展开的，在进行可视化方式选择时，只要确定了安全管理某个安全管理业务流程，即可进而分析此安全管理流程和工作过程所涉及的行为场所、行为主体及客体。从安全管理五个基本业务流程中选择一个作为基础。在选定了某个安全管理业务流程后，确定此业务流程重点适用的场所，行为场所是安全管理业务发生的主要区域。

第二，确定客体及其属性。在确定行为场所后，进而确定此行为场所中的主要行为客体及其属性。比如说，交通环廊作为行为场所，其主要包括的行为客体为交通指示器、交通环廊诱导系统、摄像机、普通风机、诱导风机、区域环境、照明箱、给排水系统等，以上行为客体主要包含的属性为：位置、面积、车速、启停状态、拥挤状态、风速、一氧化碳浓度、电流、电压、功率、水位等；对于综合管廊，其行为客体主要包括诱导风机、消防联动风机、区域环境、摄像机、供电设备、给排水系统等，以上行为客体主要包含的属性为：风速、温度、湿度、煤气浓度、电流、电压、功率、启停状态等。

第三，确定备选可视化方式集合。针对不同的属性，存在多种可视化方式，每个属性存在的可视化方式组成一个集合。比如说，对于温度、湿度属性，存在基于时间的数据表、折线图、空间模拟图、并列关系表达、时间与并列关系复合表达等多种表达方式，组成温度、湿度备选可视化方式集合。

第四，分析安全管理行为主体及其目标。针对不同的安全管理业务流程中的各个工作过程，均有不同的安全管理主体参与，确定其进行安全管理管理工作的目标，对于第五步选择最优的安全可视化方式非常关键。

第五，得到最适用可视化方式。结合第三步确定的备选可视化方式集合、第四步确定的安全管理行为主体目标，最终确定安全管理最适用可视化方式。即根据行为主体目标，从备选可视化方式集合中选择最适用可视化方式。

5.2.3　可视化方式选择 VAFT 模型

对以上安全管理可视化方式选择方法进行总结，分析各个步骤间的关系及数据流动情况，得到了可视化方式选择 VAFT 模型。模型共有 8 个层，包括安全管理业务流程层（operation flows，简称 F）、安全管理行为场所层（behavior places，简称 P）、安全管理行为客体层（behavior objects，简称 O）、安全管理行为客体属性层（behavior object attributes，简称 A）、备选可视化方式层（standby visual ways，简称 W）、安全管理行为主体层（behavior subjects，简称 S）、安全管理目标层（targets，简称

T）、最适用可视化方式层（the most appropriate visual way，简称 V）。主要包括三种映射关系，从安全管理行为客体层到安全管理行为客体属性层的属性映射 f_1、从安全管理行为客体属性层到备选可视化方式层的可视化方式映射 f_2、从安全管理目标层和备选可视化方式层到最适用可视化方式层的交互映射 f_3。具体如图 5 - 17 所示。

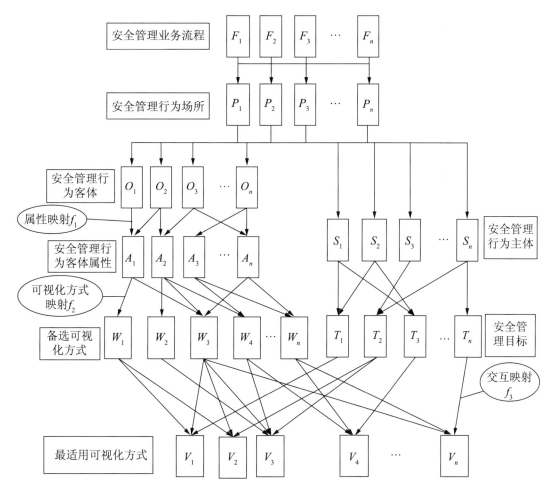

图 5 - 17　可视化方式选择 VAFT 模型

可视化方式选择 VAFT 模型系统地对地下空间安全管理可视化方式选择方法进行了总结，对其中的数据关系进行了全面阐述。可视化方式选择先从安全管理业务流程组成的集合 $\{F_1,F_2,F_3,\cdots,F_n\}$ 选择并确定某个业务流程 F_i，然后业务流程 F_i 映射到安全管理行为场所集合 $\{P_1,P_2,P_3,\cdots,P_n\}$。接下来根据确定的行为场所 P_j 映射到安全管理行为客体集合 $\{O_1,O_2,O_3,\cdots,O_n\}$ 及安全管理主体集合 $\{S_1,S_2,S_3,\cdots,S_n\}$。一方面，对于确定的行为客体 O_k 进行行为客体集合属性映射 f_1，确定需要进行可视化表达的行为客体及其属性集合 $\{A_1,A_2,A_3,\cdots,A_n\}$。对于不同的属性，对应有不同的可视化表达方式，因此在得到的属性集合后，通过可视化方式映射 f_2，得到备选可视化方式集合 $\{W_1，W_2，W_3，W_4，\cdots，W_n\}$。另一方面，通过安全管理行为主体确定其安全管理目标，得到目标集合 $\{T_1，T_2，T_3，\cdots，T_n\}$。由备选可视化方式集合 $\{W_1，W_2，W_3，W_4，\cdots，W_n\}$ 与安全管理目标集合 $\{T_1，T_2，T_3，\cdots，T_n\}$ 进行映射，可以明确各个可视化方式的优缺点和与对安全管理目标的实现程度，从而最终确定最适用可视化方式 V_m，同时各种可视化方式在不断改变行为主体的安全管理目标，这个过程定义为交互映射 f_3。

5.3　安全可视化方式选择应用研究

本节将在第 2 节研究的基础上，运用可视化方式选择方法和模型，举例对地下空间某安全管理业务、某区域、不同的客体及属性、不同的主体及目标进行实证分析，最终确定备选的可视化方式集合以及最适用可视化方式。同时，将此种方法运用与地下空间安全可视化管理信息系统，得到信息系统各个功能的最适用可视化方式，为系统设计和开发提供指导。

5.3.1　可视化方式选择应用示例

本节重点对安全预警工作进行可视化方式分析，并利用可视化方式选择模型与方法，确定不同的人员最适用的可视化方式。安全预警在地下空间主要行为场所包括交通环廊、轨道交通系统、电梯系统、综合管廊。由于综合管廊集供水系统、供气系统、热力系统、电力系统、电信系统于一体，是城市生存和发展的生命线[130]，也是地下空间区别于其他建筑形式的重要特征，因此本书选取综合管廊进行可视化方式及其选择方法进行分析。

5.3.1.1　安全管理客体及属性分析

城市公共地下空间综合管廊主体主要包括干线管廊、支线管廊。其配套工程包括五个部分，分别为消防系统、通风系统、排水系统、照明系统、监控系统。地下空间综合管廊安全管理客体及其属性主要包括：

（1）排水系统

排水系统可以排除综合管廊由于管道维修防空及其他泄露情况而产生的管道内积水。通常在综合管廊中设置排水沟与集水井，集水井中设置排水泵，将积水通过排水管排入市政雨水管。

排水系统的主要属性包括排水泵的位置、启停状态、电压、电流、集水井内水位等。对于安全预警工作，排水系统主要监控集水井内水位是否达到井内液位上限，如果达到，即进行安全预警。并可在中心控制室对水泵启停进行远程控制，及时进行预警后应对处理。

（2）消防系统

电力电缆的故障是引发地下空间综合管廊火灾的主要原因，需要进行防火分区并配置消防设施[131]。常采用的消防设施包括干式水喷雾灭火系统、消火栓系统或灭火器等[132]。消防系统主要应用防潮型烟感探头，手动火灾报警按钮等，对地下空间火灾进行预警。重点监控的属性为烟雾浓度值，当其超过预警上限时，进行安全预警，并在地下空间各区域进行声光报警。

（3）通风系统

综合管廊中电缆工作产生的热量导致温湿度变化，而氧含量下降主要原因为废气沉积、人员及微生物活动。综合管廊的通风系统可以起到控制温湿度和氧含量的作用，保证综合管廊中各种电气设备设施正常使用和管廊内人员安全[133]。

通风系统通过自然通风、诱导式通风、机械通风三种方式，排出综合管廊中的有害气体及热量，并且起到延长管线使用寿命的作用。通风系统主要设施为风机，包括普通风机与诱导风机。通风系统安全预警工作主要监控重点区域的温度、湿度、氧含量。当温度、湿度超过阀值，氧含量低于阀值时，进行安全预警，并开启风机、风道阀门进行通风[134]。

（4）供配电系统

综合管廊有照明用电、动力用电、控制用电等三种供配电电力系统，而由于综合管廊位于地下且狭长分布，其采光只能依靠照明系统。当共同沟内不设置应急发电机时，还应设置紧急照明系统[135]。供配电系统主要监控的属性为供配电设备及照明设备的开关分合状态、故障跳闸状态，另外还包括电压、电流、功率基本参数等。当出现某个设备监控值超限，进行预警，并采取维修和保护措施。

（5）监控系统

综合管廊的监控系统主要由摄像头和红外线自动对射探测器组成。综合管廊为避免外来人员非法进入，在投料口及通风口设置双光束红外线自动对射探测器，可将无源触点报警信号发送至中心控制室[136]。当出现非法入侵时，系统进行预警，并显示其位置。摄像头即对综合管廊内部的安全、防灾、设备运行视觉信息进行实时监控和流媒体转发回放。中心控制室可以调取预警信息部位视频进行查看。

5.3.1.2　备选可视化方式分析

安全预警业务在地下空间综合管廊中，根据行为客体的不同，其属性适用的可视化方式可以整理总结为两类——数值类、特性类。水位、烟雾浓度、温湿度、氧含量均有某个具体的数值进行表示，属于数值类；开关分合状态、故障跳闸状态、红外无缘触点异常状态均有两种状态特性进行表示，属于特性类。具体如图5-18所示。

对客体属性的分类原因在于数值类与特性类属性其数据组成存在不同的特点，导致在可视化方式选择上存在差异。数值类属性由不同时间点的不同的数值组成，数据量较大，可视化方式不利于空间与因果关系表示；而对于特性类属性，其保持二项分布，多数情况下保持一个稳定的状态不变，可对出现的异常情况进行综合分析，发现问题和原因，也可在空间地图上进行展示。

对于数值类的属性，主要在时间上连续，通过时间表示更能表现出其变化趋势，所以数值类可以选择时间数据表、时间分析图来进行预警，同时，由于数值类的属性监控点众多，为了能够更好地进行日常监控和安全预警，可以选择并列关系可视化方式。

对于特性类属性，其均由两种状态特性构成，开关开合、是否存在故障跳闸、是否存在红外无缘触点异常，三者均是两种状态。此种情况下，需要对时间属性、空间属性、因果关系属性进行表达，在实时监控的基础上，发现异常原因，主要可视化方式包括时间数据表、时间及因果关系可视化、时空及因果关系可视化。

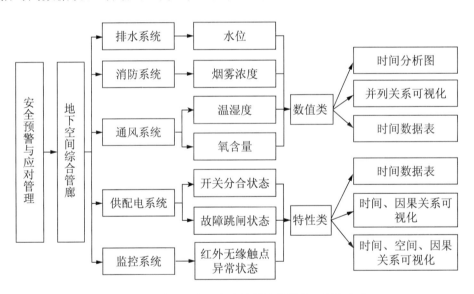

图5-18　综合管廊行为客体属性分类及可视化方式

5.3.1.3　安全管理主体及目标分析

根据第3章对应分析结果，对于综合管廊特别是供气管廊，由于其具有隐蔽性、负外部性，其是政府、运营管理者、顾客均关注的重要区域，同时综合管廊也是地下空间火灾、水灾、中毒事故、恐怖袭击事故多发区域。因此，对于综合管廊的安全管理工作，运营管理者是主要管理主体，而保证综合管廊的安全也是政府、顾客及商家的核心诉求，因此政府相关职能部门、顾客及商家也是地下空间综合管理的安全管理主体。

对于综合管廊的安全管理工作，政府相关职能部门的主要安全管理目标是总体管控、应急指挥；运营管理者的主要安全管理目标是综合管理、日常管理、维护维修、应急指挥；商家及顾客的主要安全管理目标是紧急避险。

5.3.1.4　最适用可视化方式确定

上文根据综合管廊行为客体及其属性确定了备选可视化方式集合，同时根据安全管理行为主体确定了安全管理目标，本步骤将备选可视化方式集合与安全管理目标相结合，根据不同的安全管理目标，最终确定对于某个安全管理业务、某个安全管理主体、某个安全管理行为客体的具体属性，采取的最适用可视化方式，利用函数关系式表达为：

$$V_m = f(F_i, P_j, A_k, T_u) \quad\cdots\cdots\cdots\cdots\cdots\cdots\cdots\cdots\cdots\cdots \quad (5-1)$$

其中 V_m 表示最适用可视化方式，函数 f 代表可视化方式方法选择过程中的映射关系，F_i 指安全管理业务，P_j 指行为场所，A_k 指行为客体属性，T_u 指行为主体目标。

综合管廊安全预警主要是运营管理者关注对象，主要的安全管理目标为：综合管理、日常管理、维护维修。对于不同的管理目标，要区分其安全管理的需求，包括时间需求、空间需求、总体情况需求、实时情况需求、原因需求等。对于不同类型的客体属性，对应不同的管理目标，并根据不同需求，确定最适用的可视化方式。

第一，综合管理目标下，要以高级管理者迅速掌握综合管廊总体情况为出发点。数值类数据由于数据较多，并且连续分布，通过时间分析图可以总体概括表示；特性类属性由于其一般处于一个特定的状态，并且呈现二项分布的特征，因此时间、空间、因果关系可视化方式可以更加全面、明确展示信息。

第二，在日常管理目标下，要以对实时数据和状态的监控为出发点。数值类属性重在掌握其当前状态下的实时数据，因此并列关系可视化更为直观明确；特性类属性由于状态相对稳定，可以通过时间数据表方式展现，处在不同时间点、位于不同位置的客体所处的状态。

第三，在维护维修目标下，要以掌握异常信息为出发点。具有数值类属性的客体由于要在大量的数据中寻找异常信息，时间数据表可以更好将各种信息通过表格的形式展现出来，便于查找问题；而对于特性类属性，数据量相对较少，异常状态可以通过时间、因果关系可视化方式清晰展现，可以迅速发现原因，开展维护维修工作。

具体需求和最适用可视化方式选择如表 5-2 所示。

表5-2 综合管廊安全管理可视化具体需求分析

具体需求	数值类			特性类		
	综合管理	日常管理	维护维修	综合管理	日常管理	维护维修
时间需求	√	—	√	√	√	√
空间需求	—	—	√	√	√	—
总体数据	√	—	—	—	—	—
实时数据	—	√	—	—	—	—
历史数据	—	—	√	—	—	—
原因需求	—	—	—	√	—	√
流程需求	—	—	—	—	—	—
对比需求	—	—	—	—	—	—
最适用可视化方式	时间分析图	并列关系可视化	时间数据表	时空、因果关系可视化	时间数据表	时间、因果关系可视化

5.3.2 信息系统功能可视化方式选择

上文根据5.2分析的可视化方式选择方法和模型对综合管廊的安全预警工作进行了主体及目标、客体及属性分析，最终得到了最适用可视化方式。根据上文的分析过程与第4章信息系统的主要功能，对信息系统各个功能模块的可视化方式进行进一步选择，确定各个功能的使用区域、行为客体及属性，最终确定最适用可视化方式。

安全可视化管理集成平台共有四个子功能，风险分析与评价分析最适用可视化方式分析结果如表5-3所示，安全预警与应对最适用可视化方式分析结果如表5-4所示，安全隐患管理最适用可视化方式分析结果如表5-5所示，应急响应与管理最适用可视化方式分析结果如表5-6所示。

表5-3 安全风险分析与评价最适用可视化方式

系统功能	行为场所	行为客体属性	主体目标	最适用可视化方式
危险源位置	交通环廊电梯系统综合管廊	区域位置危险源等级	综合管理	空间模拟地图、空间柱状图（统计功能）
			日常管理	数据表（查询功能）
风险伤害模型模拟	各区域火灾、爆炸、中毒事件	半径、面积	应急指挥	空间模拟动画（模拟功能）
			综合管理	数据表（查询功能）
危险源风险情况位置	交通环廊电梯系统综合管廊	位置、危险源级别、事故发生概率	综合管理	空间模拟地图、空间柱状图（统计功能）
			日常管理	数据表（查询功能）

表5-4 安全预警与应对最适用可视化方式

系统功能	行为场所	行为客体属性	主体目标	最适用可视化方式
预警信息统计	交通环廊 电梯系统 综合管廊 公共服务空间	水位、烟雾浓度、温湿度、氧含量	综合管理	时间分析图（分析功能）
			日常管理	并列关系可视化（预警功能）
			维护维修	时间数据表（分析功能）
		开关分合、故障跳闸、红外异常、交通事故、刑事案件	综合管理	时间、空间、因果关系可视化（分析功能）
			日常管理	时间数据表（预警功能）
			维护维修	时间、因果关系可视化（分析功能）
预警信息发布	地下空间各区域	位置、时间、级别、措施	总体管控	时间、空间复合可视化（查询功能）
			紧急避险	
风险控制及应对	交通环廊 电梯系统 综合管廊 公共服务空间	流程、组织结构、关键环节	应急指挥	流程可视化（查询功能）
			维护维修	因果关系可视化（统计分析功能）
			综合管理	时间、空间、因果关系复合可视化（统计分析功能）
风险预警解除	交通环廊 电梯系统 综合管廊 公共服务空间	风险是否解除状态	日常管理	时间、空间复合可视化（预警功能）
			综合管理	时间数据表（查询）

表5-5 安全隐患管理最适用可视化方式

系统功能	行为场所	行为客体属性	主体目标	最适用可视化方式
安全隐患位置	地下空间各区域	隐患数量、位置、时间、级别、进展	日常管理	时间、空间复合可视化（查询功能）
			维护维修	时间、空间、因果关系复合可视化（分析功能）
安全隐患情况统计	地下空间各区域	位置、时间、级别、措施	综合管理	时间分析图（统计分析功能）
			日常管理	时间进程图（统计功能）

表5-6 应急响应与管理最适用可视化方式

系统功能	行为场所	行为客体属性	主体目标	最适用可视化方式
报警信息表示	地下空间各区域	时间、位置、级别、类型、伤亡	总体管控	时间、空间复合可视化（预警功能）
			综合管理	
			日常管理	视频（预警、查询功能）
应急预案流程表达	地下空间各区域	步骤、时间、人员、关键环节	应急指挥	流程可视化（分析功能）
			综合管理	时间、空间、流程复合可视化（查询功能）

表 5-6（续）

系统功能	行为场所	行为客体属性	主体目标	最适用可视化方式
逃生路线表示	地下空间各区域	位置、逃生路线	应急指挥	空间模拟地图（模拟功能）
			紧急避险	空间模拟动画（模拟功能）
救援情况与事态控制	地下空间各区域	时间、位置、救援人员、封闭道路	总体管控	进程图（预警功能）
			综合管理	时间、空间复合可视化（查询功能）
			应急指挥	视频（查询功能）
事故全过程表示	地下空间各区域	时间、位置、人员、流程	综合管理	时间、空间、流程复合可视化（分析功能）
			总体管控	时间分析图（统计功能）

5.4　可视化方式选择认知实验

本节将对按照可视化方式选择 VAFT 模型分析得到的可视化方式集合中的各种可视化方式进行认知实验，测试被试者在不同问题下，对各种可视化方式进行回答所需要的认知时间，并进行方差分析。最终证明通过 VAFT 模型得到的最适用可视化方式，在地下空间安全信息认知过程中，被试者的认知时间最短。

5.4.1　认知实验过程设计

（1）实验背景

本实验选取的主要安全管理流程为安全风险预警与应对过程中的安全预警工作过程。主要行为场所选定为地下空间综合管廊。按照 5.3 对行为主体及目标、行为客体及属性的分析，选定故障跳闸状态为可视化表达的属性，选定运营管理者的综合管理为安全管理目标。通过综合管廊供配电系统故障跳闸状态属性，确定了三种备选的可视化方式，包括时间数据表可视化方式、时间及因果关系复合可视化方式、时间空间及因果关系复合可视化方式。三种方式组成了备选可视化方式集合。

（2）实验目的

本实验主要说明在综合管理目标下，三种不同的可视化方式对于预警信息的认知时间。根据第三节分析，在综合管廊供配电系统故障跳闸状态安全预警的综合管理过程中，最适用可视化方式为时间、空间、因果关系可视化方式。通过本实验，验证在三种备选可视化方式集合中，VAFT 模型确定的最适用可视化方式的认知时间是否最短。

（3）实验过程

实验选取 22 寸 LED 显示器作为可视化方式输出方式，并保证每台显示器配置的分辨率、亮度、对比度相同。实验选取 30 名地下空间管理人员，分为 A、B、C 三组，每组 10 人。其中，A 组人员在其显示器上展示方式为时间数据表可视化，B 组人员在其显示器上展示方式为时间及因果关系复合可视化，C 组人员在其显示器上展示方式为时间、空间、因果关系复合可视化。每一组人员均回答三道问题，第一，在何时出现了供配电系统预警；第二，在地下空间综合管廊中，共有多少个未完成整改的有关供电、变配电系统的安全隐患；第三，您认为最可能导致安全预警的原因是来自下列哪些安全隐患（选择最可能的两个隐患即可）。三道题目难度递增，第一道题目只需找到预警并回答其预警时间，第二道题目要查找安全隐患的状态、类别，第三道题目要对隐患进行分析，从时间、空间上相邻近，并且同属于变配电系统等多个角度判断可能导致安全预警的原因。

实验分组进行，首先对 A 组人员进行实验。实验开始后，工作人员以平稳地朗读第一道问题，题目朗读结束后显示屏显示时间数据表，A 组被试人员开始在其答题纸上回答问题，工作人员记录每个人的答题时间，A 组被试人员在问题回答结束后要求闭上眼睛。在所有人员均完成答题后，工作人员朗读第二题，所有 A 组被试人员睁开眼睛同理进行上述答题活动。接下来进行第三题的问答。A 组实验结束后，按照同样的方法进行 B 组时间及因果关系复合可视化方式展现的问答，C 组时间、空间、因果关系复合可视化方式展现的问答。实验素材见附录 B 所示。

5.4.2 认知实验分析方法

本实验采用方差分析中的一维组间组内方差分析方法对实验所得数据进行分析，在这个研究中，可视化呈现方式（时间数据表、时间及因果关系可视化、时间空间及因果关系可视化）是组间因素，认知难度（问题 1、问题 2、问题 3）是组内因素，因变量是被试者的认知时间。

针对主效应检验和交互效应检验，此次分析对于 A、C 组和 B、C 组分别使用三个零假设，其中两个假设用来检验自变量可视化方式以及认知难度，另一个用来检验两个自变量的交互效应。对于 A、C 组的假设如下：

假设 1：原假设为对于时间数据表和时空及因果关系可视化两种不同的可视化呈现方式，被试者的认知时间在总体上是一致的。备择假设为对于时间数据表和时空及因果关系可视化两种不同的可视化呈现方式，被试者的认知时间在总体上是不一致的。即：

$$H_0: \quad \mu_{时间数据表} = \mu_{时空及因果关系可视化}$$

H_1： $\mu_{时间数据表} \neq \mu_{时空及因果关系可视化}$

假设 2：原假设为对于问题 1、问题 2、问题 3 三种不同难度的问题，被试者的认知时间在总体上是一致的。备择假设为对于问题 1、问题 2、问题 3 三种不同难度的问题，被试者的认知时间在总体上是不一致的。即：

H_0： $\mu_{问题1} = \mu_{问题2} = \mu_{问题3}$

H_1： 至少有一个总体均值与其他均值不同

假设 3：原假设为可视化方式和认知难度之间没有交互效应，备择假设为可视化方式和认知难度之间有交互效应。

H_0： 时间数据表×时空及因果关系可视化的交互效应

H_1： 复合可视化×时空及因果关系可视化的交互效应

采用一维组间组内方差分析方法对以上三个假设进行检验，如果 P 值小于 0.05，则拒绝原假设；如果 P 值大于 0.05，则接受原假设。同理，对 B、C 组进行同样的分析，三个原假设与备择假设参照 A、C 组的描述。

5.4.3 认知实验结果分析

本书采用 IBM SPSS Statistics Version20 中文版对实验数据进行统计分析，主要通过一般线性模型中的重复度量方法实现。实验所得 30 组数据如表 5-7 所示。

表 5-7 认知实验数据汇总表　　　　认知时间单位：秒

A 组	A1	A2	A3	A4	A5	A6	A7	A8	A9	A10
问题 1	3.1	2.9	4.3	2.8	3.9	3.5	4.4	2.6	4.8	4.5
问题 2	7.3	7.2	7.9	6.6	7.7	7.6	8.6	7.6	7.8	8.5
问题 3	18.5	18.2	19.4	17.5	19.9	19.1	20.1	17.9	20.5	20.2
B 组	B1	B2	B3	B4	B5	B6	B7	B8	B9	B10
问题 1	1.8	2.5	2.6	1.5	2.9	2.8	2.6	2.1	1.6	1.9
问题 2	6.3	6.2	6.8	6.1	6.6	6.5	7.6	6.4	6.9	7.3
问题 3	15.2	16.1	17.8	15.5	17.5	16.8	17.2	16.1	15.6	15.9
C 组	C1	C2	C3	C4	C5	C6	C7	C8	C9	C10
问题 1	2.3	2.5	3.9	2.1	2.4	2.8	3.2	2.2	3.8	3.1
问题 2	4.4	4.9	5.6	4.2	4.4	5.1	5.4	4.1	5.9	5.3
问题 3	8.8	9.1	9.9	8.7	8.9	9.3	9.8	8.4	10.2	9.7

（1）A、C 组组间组内方差分析

对 A、C 两组数据的可视化呈现方式和认知难度进行基于认知时间的 2×3 组间组内方差分析，分析数据见表 5-8，分析结果如下：

表 5-8　A、C 组多变量检验

	效应	值	F 值	假设自由度	误差自由度	显著性	偏 Eta 方
认知难度	Pillai 的跟踪	0.999	13004.725[b]	2.000	17.000	0.000	0.999
	Wilks 的 Lambda	0.001	13004.725[b]	2.000	17.000	0.000	0.999
	Hotelling 的跟踪	1529.968	13004.725[b]	2.000	17.000	0.000	0.999
	Roy 的最大根	1529.968	13004.725[b]	2.000	17.000	0.000	0.999
认知难度 * 可视化方式	Pillai 的跟踪	0.996	2165.752[b]	2.000	17.000	0.000	0.996
	Wilks 的 Lambda	0.004	2165.752[b]	2.000	17.000	0.000	0.996
	Hotelling 的跟踪	254.794	2165.752[b]	2.000	17.000	0.000	0.996
	Roy 的最大根	254.794	2165.752[b]	2.000	17.000	0.000	0.996

表 5-9　A、C 组 Mauchly 球形度检验　　　　度量：认知时间

主体内效应	Mauchly 的 W 值	近似卡方	自由度	显著性	Epsilon[b]		
					Greenhouse - Geisser	Huynh - Feldt	下限
认知难度	0.728	5.398	2	0.067	0.786	0.896	0.500

表 5-10　A、C 组主体内效应检验　　　　度量：认知时间

	源	Ⅲ 型平方和	自由度	均方	F 值	显著性	偏 Eta 方
认知难度	采用的球形度	1277.433	2	638.717	8039.790	0.000	0.998
	Greenhouse - Geisser	1277.433	1.572	812.475	8039.790	0.000	0.998
	Huynh - Feldt	1277.433	1.792	712.684	8039.790	0.000	0.998
	下限	1277.433	1.000	1277.433	8039.790	0.000	0.998
认知难度 * 可视化方式	采用的球形度	225.033	2	112.517	1416.294	0.000	0.987
	Greenhouse - Geisser	225.033	1.572	143.126	1416.294	0.000	0.987
	Huynh - Feldt	225.033	1.792	125.547	1416.294	0.000	0.987
	下限	225.033	1.000	225.033	1416.294	0.000	0.987
误差（认知难度）	采用的球形度	2.860	36	0.079			
	Greenhouse - Geisser	2.860	28.301	0.101			
	Huynh - Feldt	2.860	32.264	0.089			
	下限	2.860	18.000	0.159			

表 5-11　A、C 组主体间效应检验　　　　　　　　　度量：认知时间

源	Ⅲ型平方和	自由度	均方	F 值	显著性	偏 Eta 方
截距	3765.168	1	3765.168	2539.172	0.000	0.993
可视化方式	301.504	1	301.504	203.330	0.000	0.919
误差	26.691	18	1.483			

表 5-8 给出了对组内因素（认知难度）、交互效应（认知难度，认知难度＊可视化方式）的检验结果，此处分别采用了四种不同的算法，它们显著性检验的 Sig 值都小于 0.05，由此可得出结论，组内效应对造成认知时间的差异有显著意义，组间与组内的交互效应对成认知时间的差异也有显著意义，对于交互效应：

球形假设下的 $F(2,36) = 1416.294$，$p < 0.05$，偏 $\eta^2 == 0.987$

表 5-9 对 Mauchly W 统计量的近似卡方检验显著性 Sig 值 0.067＞0.05，因而不能否定球形假设。因此，在表 5-10 中应参考第一行的显著检验结果，此结果为不对 F 统计量的分子、分母进行调整的检验结果，在 0.05 的显著性水平上，可以否定组内因素（认知难度）对认知时间无影响的假设：

球形假设下的 $F(2,36) = 8039.790$，$p < 0.05$，偏 $\eta^2 = 0.998$

表 5-11 给出了对组间效应（可视化方式）的检验结果，从 F 检验的显著性 Sig 值远小于 0.05 可以推断，不同的可视化呈现方式下的认知时间有非常显著的差异：

$F(1,18) = 301.504$，$p < 0.05$，偏 $\eta^2 = 0.919$

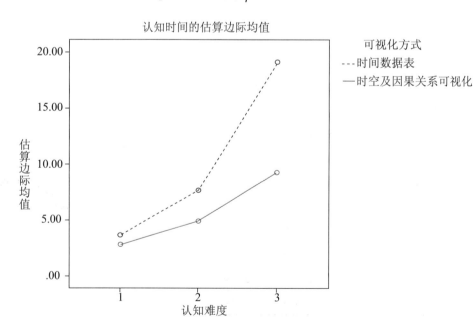

图 5-19　A、C 组的估算边际均值

由图 5 - 19 可明显看出，在难度较低时，时间、空间及因果关系复合可视化方式与时间数据表的认知时间差距不大，但随着认知难度的增大，时间、空间及因果关系复合可视化所需认知时间明显小于时间数据表。

（2）B、C 组组间组内方差分析

同理，对 B、C 两组数据的可视化呈现方式和认知难度进行基于认知时间的 2×3 组间组内方差分析，分析数据见表 5 - 12，分析结果如下：

表 5 - 12　B、C 组多变量检验

	效应	值	F 值	假设自由度	误差自由度	显著性	偏 Eta 方
认知难度	Pillai 的跟踪	0.999	6615.398[b]	2.000	17.000	0.000	0.999
	Wilks 的 Lambda	0.001	6615.398[b]	2.000	17.000	0.000	0.999
	Hotelling 的跟踪	778.282	6615.398[b]	2.000	17.000	0.000	0.999
	Roy 的最大根	778.282	6615.398[b]	2.000	17.000	0.000	0.999
认知难度 * 可视化方式	Pillai 的跟踪	0.991	918.662[b]	2.000	17.000	0.000	0.991
	Wilks 的 Lambda	0.009	918.662[b]	2.000	17.000	0.000	0.991
	Hotelling 的跟踪	108.078	918.662[b]	2.000	17.000	0.000	0.991
	Roy 的最大根	108.078	918.662[b]	2.000	17.000	0.000	0.991

表 5 - 13　B、C 组 Mauchly 球形度检验　　　　度量：认知时间

主体内效应	Mauchly 的 W 值	近似卡方	自由度	显著性	Epsilon[b]		
					Greenhouse - Geisser	Huynh - Feldt	下限
认知难度	0.762	4.619	2	0.099	0.808	0.925	0.500

表 5 - 14　B、C 组主体内效应检验　　　　度量：认知时间

	源	Ⅲ型平方和	自由度	均方	F 值	显著性	偏 Eta 方
认知难度	采用的球形度	1106.870	2	553.435	4421.586	0.000	0.996
	Greenhouse - Geisser	1106.870	1.616	685.106	4421.586	0.000	0.996
	Huynh - Feldt	1106.870	1.850	598.283	4421.586	0.000	0.996
	下限	1106.870	1.000	1106.870	4421.586	0.000	0.996
认知难度 * 可视化方式	采用的球形度	155.390	2	77.695	620.734	0.000	0.972
	Greenhouse - Geisser	155.390	1.616	96.180	620.734	0.000	0.972
	Huynh - Feldt	155.390	1.850	83.991	620.734	0.000	0.972
	下限	155.390	1.000	155.390	620.734	0.000	0.972

表 5-14（续）

源		Ⅲ型平方和	自由度	均方	F 值	显著性	偏 Eta 方
误差（认知难度）	采用的球形度	4.506	36	0.125			
	Greenhouse - Geisser	4.506	29.081	0.155			
	Huynh - Feldt	4.506	33.301	0.135			
	下限	4.506	18.000	0.250			

表 5-15 B、C 组主体间效应检验   度量：认知时间

源	Ⅲ型平方和	自由度	均方	F 值	显著性	偏 Eta 方
截距	2983.560	1	2983.560	3014.543	0.000	0.994
可视化方式	112.888	1	112.888	114.060	0.000	0.864
误差	17.815	18	0.990			

表 5-12 给出了对组内效应（认知难度，认知难度*可视化方式）的检验结果，此处分别采用了四种不同的算法，它们显著性检验的 Sig 值也都小于 0.05，由此同样可得出结论，组内效应对造成认知时间的差异有显著意义，组间与组内的交互效应对成认知时间的差异也有显著意义，对于交互效应：

球形假设下的 $F(2, 36) = 620.734$，$p < 0.05$，偏 $\eta^2 = 0.972$

表 5-13 对 Mauchly W 统计量的近似卡方检验显著性 Sig 值 0.099＞0.05，因而不能否定球形假设。因此，在表 5-14 中应参考第一行的显著检验结果，在 0.05 的显著性水平上，可以否定组内因素（认知难度）对认知时间无影响的假设：

球形假设下的 $F(2, 36) = 4421.586$，$p < 0.05$，偏 $\eta^2 = 0.996$

表 5-15 给出了对组间效应（可视化方式）的检验结果，从 F 检验的显著性 Sig 值远小于 0.05 可以推断，不同的可视化呈现方式下的认知时间同样有非常显著的差异：

$F(1, 18) = 114.060$，$p < 0.05$，偏 $\eta^2 = 0.864$

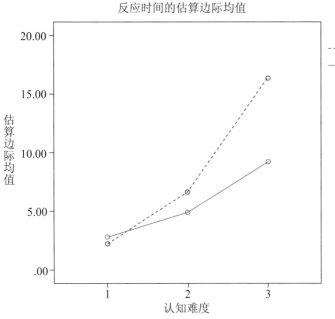

图 5-20 B、C 组的估算边际均值

由图 5-20 可看出，认知难度较低时，时间及因果关系可视化和时空及因果关系可视化的认知时间的差距不大，前者认知时间优于后者。但是随着认知难度的增加，时间、空间及因果关系复合可视化方式的认知时间有明显提高，在题目难度较高时，其所需认知时间明显小于时间与因果关系复合可视化方式。

5.4.4 认知实验结论

（1）认知难度对城市公共地下空间管理者的认知时间有显著影响，随着难度的增加，对于安全管理信息的认知时间会大大增加。

（2）不同的可视化方式对城市公共地下空间管理者的认知时间有显著影响。实验证明在综合管理目标下，采用时间、空间及因果关系复合可视化方式的认知时间小于时间数据表可视化方式、时间及因果关系可视化方式。

（3）认知难度和可视化方式交互对城市公共地下空间管理者的认知时间有显著影响。认知难度较低时，三种可视化方式的认知时间差别不大，随着认知难度的增加，时间、空间及因果关系复合可视化方式更有利于节省认知时间，提高认知速度。

因此，在地下空间综合管廊供配电系统故障跳闸状态可视化方式研究中，基于综合管理目标，利用可视化方式选择 VAFT 模型，确定的时间、空间及因果关系复合可视化方式相比于时间数据表、时间及因果关系可视化方式，能够更好地提高认知速度、查找预警原因、组织风险应对工作。

第6章 城市公共地下空间安全可视化管理效应分析

本章从可视化方式在地下空间安全管理的作用过程路径入手，分析可视化方式的作用机理，进而从安全管理主体认知效率、组织结构、制度、流程等多个方面，进行安全可视化管理的效应分析。

6.1 安全可视化管理作用机理分析

对于可视化在地下空间安全管理过程中，作用机理研究重点是在分析可视化为地下空间安全管理带来的变化和影响的基础上，分析其作用的主要因素，深入挖掘有各个因素组成的作用过程，以及在这个作用过程中各个因素间的作用关系。在以往研究中，信息化在企业管理中的作用机理方面存在一定的研究成果，杨春玲（2006）在信息化对提升企业销售管理效率方面，研究了信息化的主要作用因素及带来的变化影响，归纳总结了作用机理[137]。刘晓东（2007）对信息化在提升建筑企业施工管理水平方面，从质量管理、进度管理、技术管理三个方面进行了因素分析、变化分析与影响分析[138]。而在可视化方式手段作用机理方面，史后波（2012）研究了煤炭企业可视化管理作用模型，从视觉感知、工作记忆、长时记忆、决策与反应四个方面，分析了可视化管理在煤炭企业的作用机理[139]。

本节重点研究安全可视化管理在地下空间安全管理过程中的作用机理。首先，总体分析可视化方法与手段对地下空间安全管理带来的变化和影响；其次，分析确定地下空间安全可视化管理在地下空间安全管理过程中的作用路径；最后，在确定路径的基础上，进一步分析安全可视化管理的作用机理及各个作用因素的相互关系。

6.1.1 可视化对地下空间安全管理影响

近年来，随着我国旧城区改造、地铁建设、新区建设的逐步推进，越来越多的大型城市地下综合体不断涌现，地下空间开发利用规模出现了跨越式增长。但是，由于地下空间的特殊性以及地下空间安全管理的复杂性，给地下空间安全管理工作带来了很大的挑战。而可视化不仅为地下空间安全管理提供了先进的方法与手段，同时带来了重要的变化与影响。从地下空间特殊性与地下空间安全管理复杂性的角度，主要影响分为以下四个方面。

（1）降低地下空间安全负外部性

地下空间安全负外部性包括两个方面，其一为外来人员不安全行为造成的安全重大事故，其二为地下空间事故造成的地面人员伤害以及建筑、道路、车辆破坏。而可视化的方法与手段对于顾客等缺乏安全知识，安全意识薄弱的人员，通过时间、空间、逻辑的展现方式，提醒危险源位置和不安全事件，模拟应急避险路线和自救措施，因此，提高了地下空间人员的认知效率，大大降低了安全事故的发生概率。

（2）消除地下空间安全管理隐蔽性

由于地下空间在空间上封闭，具有较强的隐蔽性。而可视化方法和手段可以将隐蔽的信息直观地在地图、时间分析图、因果分析图上表现出来，危险源位置、安全隐患位置及状态、安全预警情况、事故应急救援情况、紧急避险路线等一目了然，大大消除了地下空间安全管理隐蔽性。

（3）提高应急救援效率

地下空间突发事故的应急与救援工作由于地下空间自身的特点，现代化的工具和设施难以发挥其作用（比如在地下空间火灾中，消防车难以发挥其灭火作用）。这就从另一个方面要求，地下空间突发事故要提高应急救援效率，争取更多的时间开展应急指挥和救援工作。而可视化方法和手段，其重要作用表现在可以直观展示事故发生情况、流程化显示救援步骤、科学组织救援人员，为紧急救援争取时间，提高总体应急救援效率。

（4）形成多区域、多系统、多灾种的立体防控体系

城市公共地下空间特别是综合管廊等市政系统，对环境介质的监控，与地面建筑物存在很大差异，也是地下空间安全管理的重点工作。地下空间环境介质监控主要包括空气、水、电，对应的属性为温度、湿度、一氧化碳浓度、烟雾浓度、氧含量、水位、电压、电流等。而可视化方法与手段可以对地下空间各个层面区域环境介质进行立体监控，对出现的异常情况紧急预警。同时，可视化的方法和手段通过红外线对射探测、流媒体转发与回放、声光电报警等，形成了对于地下空间多区域、多系统、多灾种的立体防控体系。

6.1.2 安全可视化管理作用路径

安全可视化管理的作用路径主要研究在采用了最适用的安全可视化管理方式的条

件下，可视化管理方式对于安全管理主体、安全管理本身等的作用过程，确定可视化方式影响的路径，为安全可视化作用机理分析打下基础。可视化方式在地下空间安全管理过程中，首先作用于安全管理主体，然后作用于安全管理工作和任务，进而影响安全管理组织结构、安全管理制度，最终作用于安全管理各项业务流程，具体如图6-1所示。

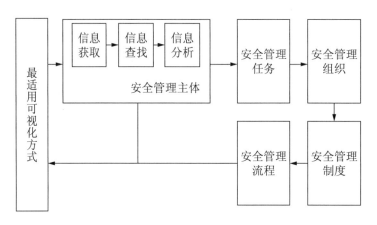

图6-1　安全可视化管理作用路径

安全可视化管理方式首先作用于安全管理主体，人对安全管理信息的认知过程在第4章进行了研究，现将其归纳为三个过程，即信息获取、查找和分析。安全管理主体通过视觉、听觉等方式，对安全可视化方式进行感知，从而实现了信息的快速获取；安全管理主体进一步对获取的信息进行查找、梳理和筛选，进而筛选出有价值信息；最终，安全管理主体对查找筛选得到的信息进行分析，并作为决策和行动的依据。

安全可视化管理在对安全管理主体认知过程影响的基础上，进一步影响地下空间安全管理的各项任务。在安全管理任务明确的基础上，进而作用于安全管理组织结构和管理制度，使得安全管理组织和制度发生一定的变化，最终作用于安全管理流程。同时，安全管理流程的变化、安全管理主体认知过程的变化也会直接或者间接地影响安全可视化管理方式进一步优化，形成安全可视化管理的整个反馈回路。

6.1.3　安全可视化管理作用机理

可视化对于地下空间安全管理的作用机理分析，主要按照安全可视管理的作用路径，对路径中的各个因素的变化和影响进行定性分析，明确安全可视化管理对于各种因素的效应，为下文具体分析对各种因素效应打下基础。可视化对地下空间安全管理的作用机理如图6-2所示。

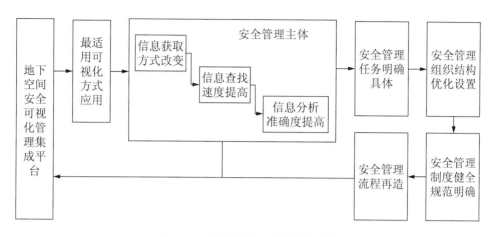

图 6-2 安全可视化管理作用机理

地下空间安全管理信息系统为安全可视化管理提供了一个基础平台，在这个系统中，通过安全可视化管理集成平台，将不同安全管理业务流程、不同属性、适用于不同安全管理主体的最适用可视化方式进行集中展示。

（1）安全管理主体认知效率提高。

最适用安全可视化管理方式首先作用于安全管理主体，主要提高了安全管理主体的认知效率，缩短了其认知时间，提高了其认知准确度。具体来说，最适用可视化方式首先改变了原有的信息获取方式，从而提高了对信息的查找、处理速度，并且为信息的分析提供直观、全面、准确的数据，使得信息的分析准确度大大提高。

（2）安全管理任务具体明确。

在作用于安全管理主体的基础上，进一步作用于安全管理任务。在地下空间安全管理过程中，传统的管理模式下，对安全管理任务较为笼统，没有进行细化和分解。而可视化的方法与手段，使得地下空间各种安全管理信息更加具体、明确，为安全管理任务更加趋于明确具体提供了支持。

（3）安全管理组织结构优化设置。

安全管理任务明确具体后，会作用于安全管理组织。根据细化的安全管理任务，安全管理组织会不断进行优化设置。从而达到一个管理部门负责某个或者某几个安全管理任务，使得组织与任务进行全面对应，避免多人负责、无人管理等问题的出现。

（4）安全管理制度健全、切实落实。

在形成了安全管理任务和安全管理组织的对应关系后，进一步具体落实确定部门职责。从而在此基础上，形成更加健全完善的安全管理制度。由于信息可视化表达和展现，制度的条文可以更加具体和明确，更有利于形成相应的约束和处罚机制，从而保证制度切实在地下空间安全管理过程中落实。

（5）安全管理流程再造。

由于安全管理业务流程是对安全管理过程中管理任务、主体、客体、步骤的直接集中体现，也受到了安全管理组织机构、制度的影响，因此安全管理流程是安全可视化管理对于整个安全管理系统最终作用因素。可视化的方法和手段在对安全管理主体的认知效率提高、任务的具体明确、组织的优化设置、制度的健全与落实的基础上，使得地下空间安全管理流程发生了变化，对地下空间安全管理流程进行了再造，使得流程中更多的步骤并行，缩短了安全管理业务处理时间，大大提高了安全管理效率和水平。

6.2 安全管理主体效应分析研究

安全管理主体的效应分析重点分析可视化方式和手段对管理主体认知效率的提升幅度。其基础是人的认知过程模型，本书 4.2 在 Jean Piaget 的图示模型、R. Case 的控制性结构模型、H. Haken 与 Dr llya prigogine 的自组织模型、认知综合模型的基础上，结合人的认知过程模型应用的研究成果，构建了安全管理主体对安全信息的认知过程模型。本节以此为基础，重点研究人对可视化方式和传统文字方式，在信息获取、信息查找、信息分析方面，认知时间和认知准确度两个指标的差别。通过认知实验的方法，找出采用最适用可视化方式后，人对安全信息认知时间和认知准确度上的变化，进而确定认知效率的提升幅度，从而定量分析安全可视化管理对于安全管理主体的效应。

6.2.1 认知效率分析模型

认知心理学采用认知实验的方法，对人的认知行为进行了全面系统的研究，本节将借鉴认知信息学中相关实验的方法和变量，对可视化对认知效率的影响进行分析。马库斯（Markus, 1977）对社会认知中的自我图式进行了研究，其设计的认知实验以秒为时间单位，通过测试被试者对符合自己人格特征的单词按键的时间，得到自我图式在信息处理、加工、回忆等方面产生积极作用，即当个体具有某种自我图式时，其对有关信息的处理和加工速度较快，并且能够较好地回忆、再认、预测。马库斯对于自我图式的研究可以为可视化对认知效率的影响分析提供启发，将认知时间以秒为单位作为变量构建模型。

劳·彼得（Lloyd Peterson）与玛格丽特（Margaret Intons‐Peterson）（1959）通过其具有开创性的实验，提出了短时记忆的相关论述，促进了认知革命的兴起。其认知实验选取的两个主要因素为正确回忆的百分率、回忆间隔（单位为秒），测试被试者在不同时间间隔后作出回忆的正确百分率。通过实验，其证明了人短时存储信息的能力有限，在不进行复述的情况下，信息很快全部遗忘。短时记忆实验选取的正确百分率和时间间隔，可以为可视化对于认知效率影响的分析提供一定的思路。

根据人对安全信息的认知过程、人对安全信息认知模型，以及上述认知心理学相关研究思路和方法，构建地下空间安全管理主体的安全信息认知效率分析模型。认知效率分析模型是以安全管理主体对地下空间安全信息认知的三个过程（获取、查找、分析）为基础，通过认知时间和认知准确度作为衡量指标，并以认知心理学理论为指导，通过数学运算，最终得到对于信息的认知效率。认知效率分析模型组成公式如下：

$$P = \frac{l}{\exp(\frac{t}{\delta})} \quad\cdots\cdots\cdots\cdots\cdots\cdots\cdots\cdots\cdots\cdots\cdots\cdots (6-1)$$

式中，P 表示认知效率，t 表示的认知时间，δ 表示认知准确度，l 表示难度系数调整值。t 参考社会认知中自我图式的实验思路，定义为对安全信息的认知时间，以秒作为单位，认知时间与认知效率成反比；δ 参考短时记忆实验中的正确回忆百分率，表示对安全问题回答的正确程度，以百分率作为单位，认知准确度与认知效率成正比；l 表示认知难度系数调整值，由于认知效率为绝对值，对于难度大的问题其认知时间 t 较长，认知准确度 δ 较小，所以造成难度大的问题的认知效率整体偏低，而通过 l 进行调整，可以更加全面的反应对于不同难度问题的认知效率，l 为无量纲，根据问题的难易程度其取值范围为 $0.5\sim1.5$，问题越难 l 值越大。

在本节后续认知实验中，将具体应用本模型及公式，进行认知效率的分析，确定地下空间安全可视化的方式和手段对于认知效率的提升幅度，分析安全可视化管理对于安全管理主体的效应。根据公式 6-1，将认知时间 t 与认知准确度 δ 的比值作为横轴，认知效率 P 作为纵轴，根据其函数关系，得出其示意图如图 6-3 所示。

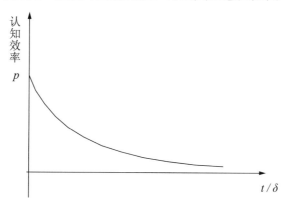

图 6-3　认知效率曲线

公式 6-1 的自变量 t 和 δ 数据可以通过认知实验获得，对于同一难度的问题，对于不同的认知方式、不同的认知阶段对应不同的认知时间和认知准确度。进而可以确定不同的认知方式、不同的认知阶段条件下，被试者的认知效率。最终，采用可视化方式的认知效率与采用文本形式的认知效率求比值，得到可视化的方式与手段对地下空间安全信息的认知效率产生的提升作用。

6.2.2　认知效率认知实验

按照认知效率分析模型，进行认知效率认知实验，包含对于认知时间的实验、认知准确度的实验两个部分。对于认知时间的实验运用第 5 章实验结果，增加一组采用文本形式回答问题的实验组，对于认知准确度的实验，组织在校本科生、研究生参与实验，实验素材与认知时间实验一致，实验素材见附件 B 所示。

6.2.2.1　可视化对认知时间影响实验与分析

（1）实验设计及分析方法

在第 5 章安全可视化方式选择认知实验的基础上，本章实验增加 D 组（也称文本组）作为对照组，本组同样选择 10 名地下空间管理人员进行实验。本组实验背景与第五章实验相同，在安全预警业务流程下，测试对于在地下空间综合管廊供配电系统故障跳闸状态的认知时间。D 组人员作为对照组，给定的实验资料和素材采用文本形式，不采取任何可视化方式，D 组被试人员通过文本形式获取地下空间安全管理信息。同样按照第五章认知实验的方式，依次回答实验组织者的三道安全管理问题，并给出正确答案，实验组织者记录其正确作答时间。

三个主要问题中，第一个，何时供配电系统预警代表管理主体的信息获取过程；第二个未完成整改的有关供电、变配电系统的安全隐患数量，代表管理主体的信息查找过程；第三个最可能导致安全预警的安全隐患代表管理主体的信息分析过程。通过三个问题的设置，确定 C 组（最适用可视化方式组，简称可视化组）、D 组（文本组）对于三个问题的认知时间，从而代表其对安全信息的获取时间、查找时间、分析时间。

本实验采用方差分析中的一维组间组内方差分析方法对实验所得数据进行分析，在这个研究中，是否可视化是组间因素，认知难度（问题 1、问题 2、问题 3）是组内因素，因变量是被试者的认知时间。

针对主效应检验和交互效应检验，此次分析对于 C、D 两组使用三个零假设，其中两个假设用来检验自变量是否可视化以及认知难度，另一个用来检验两个自变量的交互效应。对于 C、D 组的假设如下：

假设 1：原假设为对于可视化和不进行可视化，被试者的认知时间在总体上是一致的。备择假设为对于可视化和不进行可视化，被试者的认知时间在总体上是不一致的。即：

H_0：$\mu_{可视化} = \mu_{不进行可视化}$

H_1：$\mu_{可视化} \neq \mu_{不进行可视化}$

假设 2：原假设为对于问题 1、问题 2、问题 3 三种不同难度的问题，被试者的认知时间在总体上是一致的。备择假设为对于问题 1、问题 2、问题 3 三种不同难度的问题，被试者的认知时间在总体上是不一致的。即：

H_0：$\mu_{问题1} = \mu_{问题2} = \mu_{问题3}$

H_1：　至少有一个总体均值与其他均值不同

假设 3：原假设为是否进行和认知难度之间没有交互效应，备择假设为是否进行可视化和认知难度之间有交互效应。

H_0：　可视化×认知难度的交互效应

H_1：　不进行可视化×认知难度的交互效应

采用一维组间组内方差分析方法对以上三个假设进行检验，如果 P 值小于 0.05，则拒绝原假设；如果 P 值大于 0.05，则接受原假设。

（2）实验结果分析

通过 IBM SPSS Statistics Version20 中文版对实验数据（见表 6－1）进行统计分析，主要通过一般线性模型中的重复度量方法实现。分析结果如表 6－2 所示。

表 6－2 给出了对组内因素（认知难度）、交互效应（认知难度，认知难度＊是否可视化）的检验结果，此处分别采用了四种不同的算法，它们显著性检验的 Sig 值都小于 0.05，由此可得出结论，组内效应对造成认知时间的差异有显著意义，组间与组内的交互效应对成认知时间的差异也有显著意义，对于交互效应：

球形假设下的 $F(2, 36) = 469.44$，$p < 0.05$，偏 $\eta^2 = = 0.963$

表 6－1　D 组认知实验数据汇总表

D 组	D1	D2	D3	D4	D5	D6	D7	D8	D9	D10
问题 1	5.9	5.7	6.2	5.7	6.6	5.8	6.3	5.8	7.1	6.1
问题 2	9.6	10.6	9.4	10	10.2	10.8	11.7	9.7	11.4	11.6
问题 3	20.1	21.1	21.5	21.3	20.2	19.8	20.8	21.3	21.2	21.4

表 6 - 2　C、D 组多变量检验

效应		值	F 值	假设自由度	误差自由度	显著性	偏 Eta 方
问题难度	Pillai 的跟踪	0.998	3651.144b	2	17	0	0.998
	Wilks 的 Lambda	0.002	3651.144b	2	17	0	0.998
	Hotelling 的跟踪	429.546	3651.144b	2	17	0	0.998
	Roy 的最大根	429.546	3651.144b	2	17	0	0.998
问题难度 * 是否可视化	Pillai 的跟踪	0.985	555.266b	2	17	0	0.985
	Wilks 的 Lambda	0.015	555.266b	2	17	0	0.985
	Hotelling 的跟踪	65.325	555.266b	2	17	0	0.985
	Roy 的最大根	65.325	555.266b	2	17	0	0.985

表 6 - 3　C、D 组 Mauchly 球形度检验　　　　　　　　　　度量：反应时间

主体内效应	Mauchly 的 W 值	近似卡方	自由度	显著性	Epsilonb		
					Greenhouse - Geisser	Huynh - Feldt	下限
认知难度	0.844	2.833	2	0.243	0.867	1.000	0.500

表 6 - 4　C、D 组主体内效应检验　　　　　　　　　　度量：反应时间

源		Ⅲ 型平方和	自由度	均方	F 值	显著性	偏 Eta 方
问题难度	采用的球形度	1180.181	2	590.091	3012.944	0.000	0.994
	Greenhouse - Geisser	1180.181	1.734	680.659	3012.944	0.000	0.994
	Huynh - Feldt	1180.181	2	590.091	3012.944	0.000	0.994
	下限	1180.181	1	1180.181	3012.944	0.000	0.994
问题难度 * 是否可视化	采用的球形度	183.881	2	91.941	469.44	0.000	0.963
	Greenhouse - Geisser	183.881	1.734	106.052	469.44	0.000	0.963
	Huynh - Feldt	183.881	2	91.941	469.44	0.000	0.963
	下限	183.881	1	183.881	469.44	0.000	0.963
误差（问题难度）	采用的球形度	7.051	36	0.196			
	Greenhouse - Geisser	7.051	31.21	0.226			
	Huynh - Feldt	7.051	36	0.196			
	下限	7.051	18	0.392			

表6-5 C、D组主体间效应检验 度量：反应时间

源	Ⅲ型平方和	自由度	均方	F 值	显著性	偏 Eta 方
截距	4955.868	1	4955.868	5828.782	0.000	0.997
是否可视化	697.004	1	697.004	819.773	0.000	0.979
误差	15.304	18	0.850			

表6-3对 Mauchly W 统计量的近似卡方检验显著性 Sig 值 0.243＞0.05，因而不能否定球形假设。因此，在表6-4中应参考第一行的显著检验结果，此结果为不对 F 统计量的分子、分母进行调整的检验结果，在 0.05 的显著性水平上，可以否定组内因素（认知难度）对认知时间无影响的假设：

球形假设下的 $F(2, 36) = 3012.944$，$p < 0.05$，偏 $\eta^2 = 0.994$

表6-5给出了对组间效应（是否可视化）的检验结果，从 F 检验的显著性 Sig 值远小于 0.05 可以推断，不同的可视化呈现方式下的认知时间有非常显著的差异：

$F(1, 18) = 819.773$，$p < 0.05$，偏 $\eta^2 = 0.979$

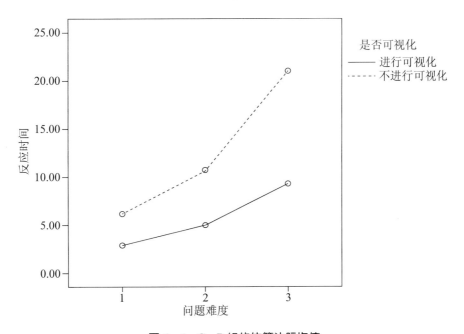

图6-4 C、D组的估算边际均值

由图6-4可看出，不进行可视化的反应时间估算边际均值明显大于进行可视化，并且随着认知难度的增大，这种差距逐渐明显。

（3）实验结论

经过对实验认知时间的统计和计算得到的结果如表6-6所示。

表 6-6　认知时间统计 单位为秒

认知时间	获取	查找	分析	均值
可视化组	2.83	4.93	9.28	5.68
文本组	6.12	10.5	20.87	12.5
差额	3.29	5.57	11.59	6.82

经过对图 6-4 和表 6-6 的分析,可以得到如下结论:

①认知阶段对城市公共地下空间管理者的认知时间有显著影响,认知从低级阶段的获取,到查找,再到高级阶段的分析,随着认知难度的增加,对于安全管理信息的认知时间会逐渐增加。

②是否进行安全信息可视化表达,对城市公共地下空间管理者的认知时间有显著影响。实验证明,采用第 5 章可视化方式选择 VAFT 模型确定的最适用可视化方式(时间、空间及因果关系复合可视化方式),其认知时间大大短于采用文本形式。

③认知难度和是否进行安全信息可视化交互对城市公共地下空间管理者的认知时间有显著影响。随着认知难度的增加,时间、空间及因果关系复合可视化方式对于减少认知时间,提高认知速度,作用更加明显。

6.2.2.2　可视化对认知准确度影响实验与分析

(1) 实验设计

本实验重点对照采用可视化方式与采用文本形式,被试者对于安全管理信息的获取和掌握的准确度。实验在高校组织进行,选取高校中工商管理专业、安全工程专业、工程管理专业、管理科学与工程专业相关本科生、硕士研究生 60 名作为被试者参与实验,实验素材见附件 B 所示。

将以上 60 名同学分为两组,每组 30 人。第一组同学接受的安全管理信息通过安全可视化管理的方式给出,第二组同学接受的安全管理信息通过文本形式给出。实验背景与第五章实验背景一致,同样采用在地下空间安全预警过程中,综合管廊供配电系统故障跳闸状态的安全信息和三个主要问题。三个问题同样代表人对安全信息的获取准确度、查找准确度、分析准确度。

实验组织人员在实验前,对 A、B 两个小组被试者说明每一道问题的答题时间均为 10 秒。实验开始后,A、B 两组成员同时接受到安全信息的可视化材料、文本材料,此时实验组织者开始读第一题,题目朗读完毕后,被试者开始作答,要求10 秒内必须选择出答案;接下来,实验组织者开始朗读第二题,以此类推,直至三道问题均答完。最后,实验组织者对 A、B 两组同学的每道问题答题的准确度进行统计。

（2）实验结果及结论

"准确度"表示分别在获取、查找、分析阶段，回答正确的被试者数量与被试者的总量之比。由于在作答过程中存在一定的随机性，可能被试者存在随意选择一个答案即正确答案的情况。而对于本实验的三个渐进式问题来说，如果前面的问题没有答对，即说明没有掌握基本信息，本题答对很大可能是存在随机性的。所以在统计第二题的准确度时，应将第一题答错的个体剔除，只统计第一题回答正确的被试者对于第二题的回答正确情况。第三题准确度统计同理。也就是，被试者的总量与答题情况有关，若被试者第一题答错，则在后两道题的计算中被试者总量不再将此被试者计算在内；若被试者第二题答错，则在最后一道题的计算中被试者总量不再将此被试者计算在内。根据以上统计准确度原则，经统计和初步计算，得到准确度统计如表6-7所示。

表6-7　准确度统计

准确度	获取	查找	分析	均值
可视化组	96.67%	82.76%	82.61%	87.35%
文本组	76.67%	53.85%	37.50%	56.01%
差值	20.00%	28.91%	45.11%	31.34%

通过表6-7的分析可得，对于地下空间安全信息认知的过程，采用可视化的方式和手段展现的安全信息，比采用文本形式展现的安全信息，其获取信息的准确度可以提高20%，查找信息的准确度可以提高28.91%，分析信息的准确度可以提高45.11%。对于整个安全信息获取、查找、分析的过程来说，可视化比文本认知准确度提高31.34%。说明可视化的方式和手段对于安全管理主体来说，在认知的高级阶段，其对认知准确度的提升作用越明显。

6.2.3　认知效应分析结论

6.2.3.1　认知效率分析计算过程

运用认知效率分析模型对以上实验进行数据分析，具体数据分析步骤如下：

（1）首先对可视化对认知时间影响实验的数据进行处理，对C、D两组的不同信息处理阶段（获取、查找、分析）的平均认知时间进行计算：

$$\bar{t}_{ij} = \frac{\sum\limits_{m=1}^{n} t_m}{n} \quad\cdots\cdots\cdots\cdots\cdots\cdots\cdots\cdots\cdots\cdots\cdots\cdots (6-2)$$

其中，i 表示认知过程，本实验中 $i=1,2,3$，分别代表信息获取、信息查找、信息分析过程；$j=1,2$，1 表示 C 组，2 表示 D 组；n 表示每组样本数量，对于本实验，$n=10$；m 表示每组样本编号，$1 \leqslant m \leqslant 10, m \in N^*$；$\bar{t}_{ij}$ 表示 C 组或者 D 组、第 i 个认知过程的平均认知时间。

（2）对于相同难度的问题，认知难度系数调整值 l 取值为 1。通过可视化对认知准确度影响实验，得到信息获取、查找、分析每一个阶段的认知准确度 δ_i，同上一步骤得到的 $\bar{t}_{ij}$ 带入认知效率分析模型，得到某一认知阶段，采用可视化方式和手段与采用普通文本的形式，不同的认知效率 P_i，公式如下：

$$P_i = \frac{1}{\exp(\frac{\bar{t}_{ij}}{\delta_i})} \quad\cdots\cdots\cdots\cdots\cdots\cdots\cdots\cdots\cdots\cdots (6-3)$$

其中，$0 \leqslant \delta \leqslant 1$，$0 \leqslant P \leqslant 1$。

6.2.3.2 认知效率分析结果与结论

通过上述公式的计算，可视化组的认知时间在信息获取、查找、分析三个阶段分别比文本组，缩短了 3.29 秒、5.57 秒、11.59 秒；可视化组的认知准确度，在信息获取、查找、分析三个阶段分别比文本组，提高了 20%、28.91%、45.11%，平均正确度提高了 31.34%。将以上数据带入认知效率分析模型，最终得到采用可视化方式比采用文本方式，认知效率在信息获取阶段提升了 5.18%，在信息查找方面提升了 13.54%，在信息分析方面提升了 55.92%，三个阶段加权平均值为 24.88%。具体如表 6-8 所示。

表 6-8　认知效率提升情况　　　　　　单位为秒

变化量	获取	查找	分析	均值
认知时间	3.29	5.57	11.59	6.82
准确度	20%	28.91%	45.11%	31.34%
认知效率	5.18%	13.54%	55.92%	24.88%

通过认知效率分析模型构建和实验数据计算，得到如下结论：

（1）可视化方式和手段主要从认知时间和认知准确度两个方面，对于提高地下空间安全管理主体的认知效率有着重要影响。可视化方式和手段可以平均缩短认知时间 6.82 秒，认知准确度提高 31.34%。

（2）对于地下空间安全信息认知过程三个阶段，可视化方式和手段随着认知过程的不断深入（从信息获取、查找、分析），带来的认知效率提升越来越大，从 5.18% 到 13.54%，最终达到 55.92%。

（3）综合上述认知时间与认知准确度两种因素，信息获取、查找、分析三个认知过程，最终采用可视化方式和手段，比采用文本形式进行信息表达，认知效率提高 24.88%。

6.3 安全组织、制度及流程效应分析研究

地下空间安全可视化管理方式在作用于安全管理主体后，进一步作用于安全管理工作本身，即安全管理任务、安全管理组织结构、安全管理制度、安全管理业务流程。安全可视化管理方式在作用于单个安全管理主体后，接下来主要影响安全管理模式的进一步健全和完善，使得安全管理任务具体明确，安全管理组织优化设置，安全管理制度健全、切实落实，安全管理流程进行再造。本书从地下空间安全管理特点入手，分析可视化的解决思路，及对组织结构、制度、流程的影响，最终归纳得到地下空间安全可视化管理的组织结构效应、制度效应、业务流程效应。

美国学者迈克尔·哈默（Michael Hammer）和詹姆斯·钱皮（Jame Champy）在20世纪90年代，提出了流程再造理论，其中对信息技术对管理过程中的组织结构、流程、方法和制度的效应进行了研究。其强调了业务流程在企业组织重组中的核心作用，论述了信息技术在企业组织重组中的推动作用，通过充分挖掘信息技术的最大效益，进而影响企业组织、制度和管理流程[140]。本节将借鉴流程再造的研究思路和方法，对安全可视化管理对地下空间安全管理本身带来的效应进行深入研究。

根据第3章分析，地下空间安全管理特点和问题主要表现在地下空间外部性、隐蔽性、救援难度大、逃生困难四个方面，这是地下空间安全管理工作着重解决的问题；地下空间安全可视化管理正是针对地下空间安全管理特点和问题，从地下空间安全隐患及预警等可视化、应急救援指挥可视化、逃生路线可视化、提高信息传递效率、提高信息获取掌握效率等方面，对地下空间安全管理的问题加以解决的。而后，不同的可是解决思路作用于安全管理组织结构、制度、业务流程，产生了不同的影响，最终形成了安全可视化方式及手段对组织结构、制度、业务流程的效应。具体如图6-5所示。

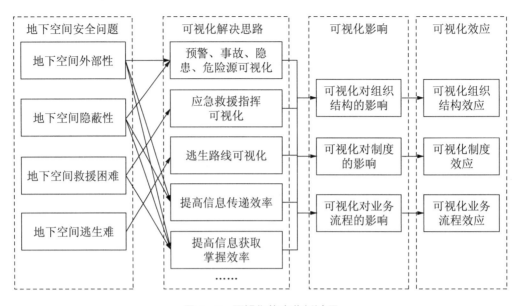

图 6-5 可视化效应分析过程

6.3.1 安全组织结构效应分析

组织效应分析重点分析安全可视化管理方式对于组织结构带来的变革。地下空间安全可视化管理的手段和方法，是基于信息技术构建的管理信息系统加以实现的。由于现阶段还没有可视化方法及手段对于组织变革影响的研究，因此，本书对近年来出现信息技术与组织变革的研究加以总结，并在此基础上，进步一研究可视化方式与手段带来的组织结构变革和效应。基恩（Keen）（1991）在研究组织再造和信息技术的关系时，提出信息技术可以减少组织成员间的沟通，提高组织的决策效率[141]。蔡莉、孙海忠（2002）对信息技术对组织效率的影响因素和作用机理进行了分析，从企业总体技术水平、员工、组织结构、企业管理水平、环境适应能力五个方面进行了阐述[142]。王学东、陈道志（2006）研究了信息技术在打破原有组织平衡达到一个新的组织平衡过程中的推动作用，提出了基于信息技术的组织变革模型，并分析其实施方案[143]。现有研究成果主要集中在总体分析信息技术对企业组织变革的影响，本书将注重针对可视化方式及手段，对地下空间安全管理组织结构的影响和变革进行具体分析。

本书从地下空间安全管理问题为起点进行分析，进而确定安全可视化管理的方式和手段对地下空间安全管理问题的解决思路，再分析这些可视化的解决思路作用于组织结构所带来的影响，最终总结出安全可视化管理方式和手段对组织结构的主要效应。具体分析如图 6-6 所示。

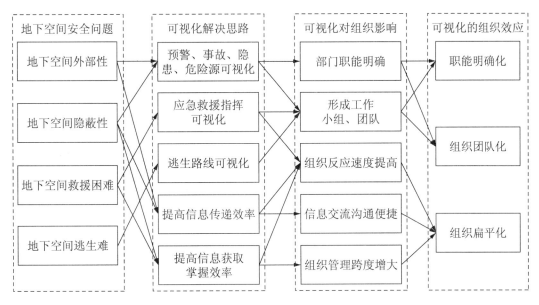

图6-6 安全组织效应分析

通过图6-6的分析，归纳总结了安全可视化管理带来的安全组织结构效应主要包括以下几个方面：

（1）安全管理组织结构扁平化

地下空间安全可视化管理将应急救援指挥可视化，大大提高了信息获取掌握的效率和信息传递效率，这些进一步作用于地下空间安全组织结构，使得安全组织的反应速度提高，信息交流沟通便捷，由于信息获取效率增加，使得管理者能够利用安全可视化管理方式和手段，直接、间接对下属进行管理和控制，可以使得组织管理跨度增大。以上可视化对组织机构的影响，最终归纳总结为使得组织结构扁平化。

扁平化的组织结构具有有效性、操作性、科学性、实证性[144]的特点，能够使企业适应全球瞬息万变的市场与竞争环境。而对于地下空间安全管理组织结构来讲，扁平化组织结构可以加强对预警及事故的预防、突变处置，减少层层上报安全信息的时间，提高组织工作效率。而安全可视化管理正是为地下空间安全管理组织结构管理跨度增大提供了支持，并作用于安全管理组织结构，促进其向着扁平化变革，从而切实解决地下空间的外部性、隐蔽性的问题。

（2）安全管理组织结构团队化、部门职能明确化

地下空间安全可视化管理过程中，将预警信息、危险源、安全隐患、安全突发事故、逃生路线、应急救援指挥等进行可视化表示，经过安全管理主体认知效率提高及安全任务的细化，进一步作用于安全管理组织结构，使得安全管理部门职能更加明确，并且形成了安全管理小组和团队，不同的小组负责不同的安全管理业务流程和任务，

加强了部门、小组间的分工合作，避免了一人多岗、一岗多责的问题出现。

流程再造理论认为现代企业发展要从原有的传统的职能部门为组织工作单元转变为面向流程的团队，每一个团队负责一项主要的工作流程。对于地下空间安全管理工作，可视化的方式与手段将部门职能更加明确，进而将组织工作单位团队化，成立不同的小组负责安全管理不同的业务流程。只有组织结构团队化、职能明确化，才能更好地解决地下空间隐蔽、逃生难、救援难等问题。

综上所述，扁平化、职能化、团队化是可视化方式与手段的主要组织效应。经过对北京市中关村地下空间的调研，并查阅相关资料，总结归纳了我国现行地下空间的安全管理组织结构，如图6-7所示。

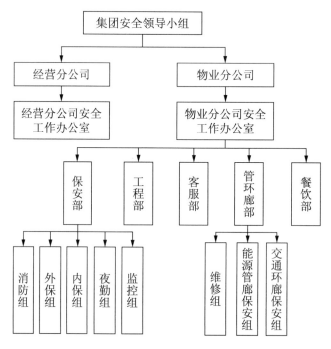

图6-7 地下空间现有安全管理组织结构

我国现行地下空间安全管理组织结构主要以职能型组织结构为主，在具有外部性、隐蔽性、复杂性的地下空间安全管理过程中，存在着信息上报繁琐、各部门职能交叉、信息获取及传递效率较低、应急反应速度较慢等问题。通过建立安全管理信息系统，开发设计安全可视化管理集成平台，可以更好地将安全管理工作各主要业务流程，通过系统进行信息获取、可视化表达、模拟、分析等，进而在组织结构上向扁平化、职能化、团队化发展，达到安全管理组织结构优化设置。经过分析设计，地下空间安全管理组织结构主要管理层级从五级减少为三级，并具有研究咨询辅助层，综合职能管理层安全指挥中心下属专业职能管理层各小组，各小组职能清晰，任务明确，形成团队化组织，具体如图6-8所示。

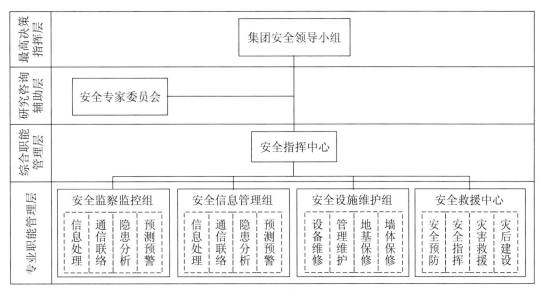

图6-8 地下空间安全管理组织结构设计

6.3.2 安全制度效应分析

安全制度效应分析重点分析可视化方式和手段对安全管理制度的作用与影响。首先仍然以地下空间的安全问题为出发点，分析可视化方式与手段的解决思路和办法，进而分析其对安全管理制度带来的影响，最终归纳总结安全制度效应。具体分析过程如图6-9所示。

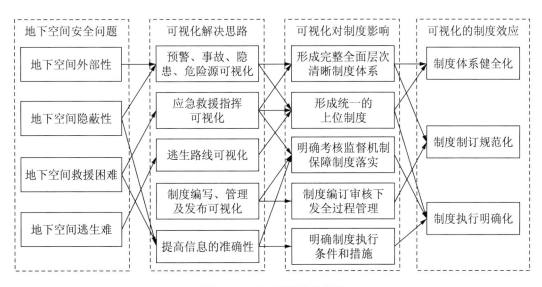

图6-9 安全制度效应分析

通过图6-9的分析，归纳总结了安全可视化管理带来的安全制度效应包括：

（1）制度体系健全化

安全制度是地下空间正常运营的有效保障。由于可视化的方式和手段使得地下空间预警、事故、隐患、危险源以及应急救援指挥、逃生路线等明确分析并表现出来，进而对制度形成了重要影响。首先，使安全管理制度按照地下空间安全管理业务流程进行了进一步细化和完善；其次，按照应急救援和指挥的总体原则，形成了上位制度，在出现紧急情况时，达到了统一的协调安排；最终实现了地下空间安全管理制度体系的健全化。

通过安全可视化管理，形成了地下空间安全管理制度体系。按照可视化方式和手段的影响机理分析，形成了综合管理层与专业职能管理层相结合组织结构，进而影响安全管理制度，同时，形成了按照组织结构划分的安全管理制度体系，包括综合总能管理层的安全指挥中心制度、专业职能管理层的制度、其他组织制度。具体如图6-10所示。

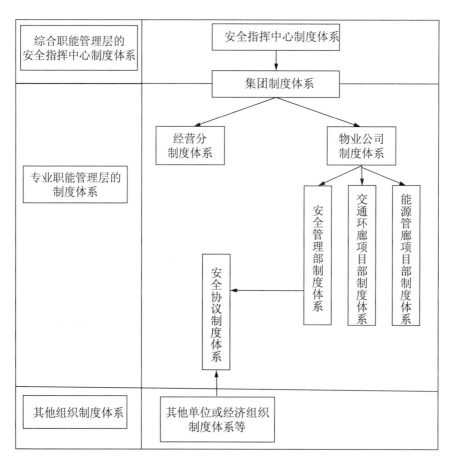

图6-10　安全管理制度体系

图 6-10 所示，安全管理制度体系可以避免各部门、机构各自为政，保证统一调度和安排，确定了下位制度须服从上位制度的原则，最终有利于地下空间安全管理形成协调统一的整体，一旦发生重大事件，可以同时有效地协调各部门行为。

（2）制度制定规范化

在地下空间安全管理制度编写、管理、发布过程中，可视化方式和手段可以对制度进行全过程管理，从制度条款起草，到提交部门领导组织进行讨论形成草案，再将草案进行公示，然后进行公司各级审核，最终制度下发实施。可视化方式和手段从制度录入、形成草稿、制度审核、制度下发等各个阶段，监控制度所处的状态，同时通过信息系统进行制度起草和审核工作，时间、参与人员、修改内容、修改意见等一目了然，形成了透明化的制度管理。同时，根据制度体系制定完善所需制度，使得制度制定全面实现规范化管理。

（3）制度执行明确化

可视化的方式和手段在地下空间安全管理中，可以大大提高信息的准确性，再作用于地下空间安全管理制度，主要表现在以下三点：

第一，由于安全管理信息获取更加准确，则可以对安全管理规章制度涉及的执行条件、执行结果和操作方法进行具体化，明确相关的责任和临界值；

第二，当制度的执行条件和执行结果明确化以后，便于形成制度执行监督机制，有效保证制度的执行，并对执行中出现的问题进行及时反馈和处理；

第三，当出现紧急情况时，上位制度发挥作用，安全指挥中心按照综合应急管理制度，统一调度、安排、指挥各部门参与应急救援工作。

可视化方式和手段，通过以上三点，对制度的实施和执行过程进行作用和影响，最终使得制度在执行阶段更加明确化。

6.3.3　安全业务流程效应分析

可视化的方式和手段作用于管理模式最终的落脚点为安全业务流程。可视化的方式和手段不仅实现了预警、事故、隐患、应急救援与指挥、流程、人员与时间信息等可视化，还提高了信息获取效率、传递效率。这些可视化的因素均作用于地下空间安全管理业务流程中，减少了安全管理业务流程的步骤数量和处理时间，提高了处理效率等，最终使得安全管理业务流程不断优化，更加适应地下空间安全管理的需要。具体如图 6-11 所示。

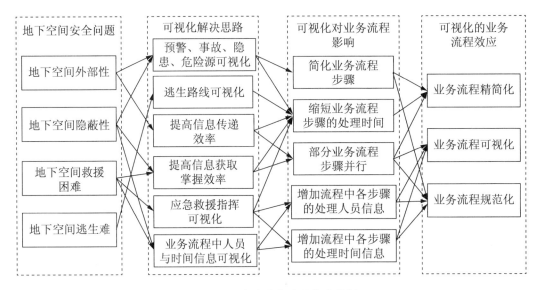

图 6 - 11　安全业务流程效应分析

通过图 6 - 11 的分析，归纳总结了安全可视化管理带来的安全制度效应主要包括以下三个方面：

（1）业务流程可视化

地下空间安全管理涉及的主要工作流程在日常管理、安全预警，特别是在出现重大安全事故时，发挥了重要作用。每一项工作所处的安全管理业务流程的具体步骤，是地下空间安全管理主体所关心的重要问题。由于地下空间的隐蔽性、救援困难，当出现紧急情况时，具体上报流程、应急救援步骤、指挥处理流程等，可视化的展现方式为地下空间应急管理工作起到了关键作用。因此，可视化对地下空间安全管理流程，通过完善地下空间安全管理流程人员、时间信息，将主要关键步骤明显表达，可以使得地下空间安全管理业务流程可视化展现在安全管理主体面前，为其进行科学决策和应急指挥提供支持和帮助。

（2）业务流程精简化

由于地下空间具有面积大、开口多、位置深等特点，使得地下空间安全管理业务流程一般具有流程步骤多、上报复杂、参与人员多、覆盖区域广的问题；同时地下空间的隐蔽性、救援难、逃生难的问题，导致了流程参与人沟通困难、信息传递不顺畅、信息传递准确性不高。因此，地下空间安全管理业务流程较为复杂，执行效率不高。而可视化可以从以下三个方面提高信息获取和传递效率。

第一，简化了安全管理业务流程步骤。第二，缩短了业务流程各步骤的处理时间。可视化的方式和手段在提高安全管理主体认知效率的同时，也减少了原有流程的部分步骤，同时保留的步骤的处理时间也大大缩短。对于安全预警工作流程，安全预警信息可视化，通过安装在综合管廊的电压电流传感器、温度湿度传感器、烟雾传感器等，实时监测综合管廊的总体环境状态，当出现异常状态时，立即进行预警，并在地下空间安全指挥中心，可视化地展现预警信息、位置、系统、超限值、预警原因等信息。可视化的方式和手段，将原有的人工巡检改变为系统自动预警，由原有的人工排查问题变成了系统自动故障分析，由原来的人工判断预警等级变成了系统自动定级，以上改变，不仅避免了人工巡检、人工排查、人工定级等步骤，同时大大缩短了保留步骤的处理时间，大大精简了安全预警管理流程。具体如图6-12所示，左侧为原有安全预警工作流程，右侧为可视化集成平台安全预警流程。

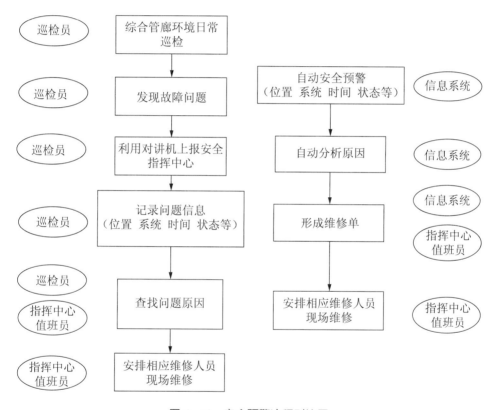

图6-12　安全预警流程对比图

第三，使得部分业务流程步骤并行。地下空间安全管理信息进行分级显示，通过管理者的需求，订阅其关注的信息，当地下空间安全管理所需信息产生时，不需要安全指挥中心的值班人员一步步将信息通过电话上报给高级管理者（分管领导），而系统会将信息自动推送给高级管理者，从而便于高层管理者立即作出决策，协调安排应对和处理办法。本来只能一条直线传递的信息，通过可视化的方式和手段，从多条线传递，使得工作能够并行开展，大大提高了地下空间安全管理工作效率，实现地下空间安全管理流程精简化。具体如图6-13所示，左侧为原有重要安全信息处理及上报流程，右侧为可视化集成平台重要安全信息处理和传递流程。

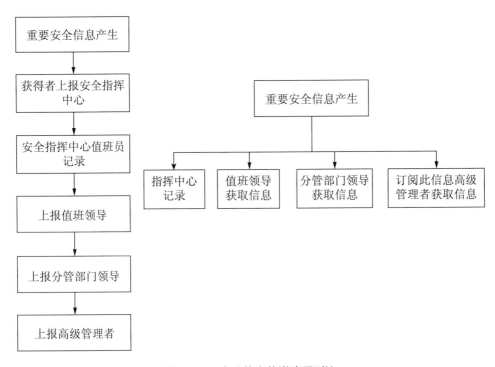

图 6-13 安全信息传递流程对比

（3）业务流程规范化

地下空间原有业务流程由于地下空间的隐蔽性，部分信息获取困难，没有一定的制度保障各个安全管理业务流程的执行人员、控制时间等。运用了可视化的方式和手段后，地下空间安全管理工作信息获取数量增加、准确性增大，原来不能得到的信息均可以通过可视化方式展现出来，组织结构出现扁平化、团队化、职能化发展，制度也更加明确、规范、健全，进而作用于地下空间安全管理流程上，增加了流程包含的信息量，包括处理时间、处理人员、处理措施等信息，并通过可视化集成平台展现出来，使得原来信息不全面的管理流程更规范，也促进了安全管理工作有序开展。

第 7 章　结论与展望

7.1　主要结论

本书的城市公共地下空间安全可视化管理研究，针对地下空间存在的隐蔽性强、负外部性大、逃生及救援困难的问题，引入可视化管理的方法和手段，研究了可视化管理在地下空间安全管理中的相关问题，得到了以下结论：

（1）运用信息化、可视化的方法和手段是城市公共地下空间安全管理发展的必然趋势。由于地下空间隐蔽性强、负外部性大、逃生及救援困难的特点，传统的安全管理方式不适用于现代化的地下空间安全管理工作，而信息技术、可视化技术、网络技术的发展，为地下空间安全管理向信息化、可视化的方向发展提供了有力保障。

（2）地下空间安全可视化管理的需求迫切。由于地下空间的隐蔽性强、负外部性大、逃生及救援困难等特点，迫切需要运用可视化的方法和手段，直观展示利益相关者关注的安全问题。通过构建的安全管理工作过程可视化需求判别模型，在地下空间安全风险分析与评价、安全预警与控制、安全隐患管理、应急响应与管理等业务流程中，从重要性、复杂性、紧急性、系统性四个方面判定可视化需求，确定了不同安全管理业务流程的可视化需求程度。

（3）形成了地下空间安全可视化管理的理论体系。城市公共地下空间安全管理问题越来越受到了政府、企业的重视，而采用可视化的技术和手段解决地下空间安全问题还只处于起步阶段，本书在认知工程学、信息可视化、安全管理相关理论的基础上，构建了地下空间安全可视化管理理论体系，分析人、信息系统的认知原理，设计地下空间安全可视化管理信息系统总体架构和功能，为地下空间安全可视化管理和信息系统设计开发提供了思路和指导。

（4）不同的可视化方式对于地下空间管理者的认知时间影响显著。本书构建了可视化方式选择 VAFT 模型，旨在选择最适用可视化方式，并通过认知实验，得出利用 VAFT 模型得到的最适用可视化方式，在地下空间安全管理过程中，节省认知时间，提高应对速度，优于其他可视化方式。

（5）地下空间安全可视化管理相比传统管理模式认知效率提高 24.88%。本书通过认知实验，从信息获取、查找、分析三个过程，对比分析可视化前后认知效率，证明了可视化可以实现安全管理的透明化，减少地下空间安全管理人员的认知时间，提高其认知准确度。

（6）分析确定可视化对地下空间安全组织结构、制度和业务流程的重要影响。可视化方式和手段带来的组织结构效应为扁平化、团队化、职能化，管理制度效应为健全化、规范化、明确化，管理业务流程效应为可视化、精简化、规范化。

7.2　创新点

本书通过对于地下空间安全可视化管理问题的研究，在以下方面取得创新：

（1）构建了地下空间安全管理工作过程可视化需求判别模型、安全可视化管理需求 RFSC 模型。可视化需求判别模型从重要性、复杂性、紧急性、系统性的角度构建了可视化需求指数，定量分析地下空间各个安全工作过程的可视化需求程度；安全可视化管理需求模型明确了地下空间安全可视化管理需求的寻找思路和过程，明确地下空间利益相关者安全管理核心诉求和进行安全可视化管理的对象及具体内容，阐明了地下空间安全可视化管理的迫切需求。

（2）在构建了地下空间安全可视化管理理论体系和信息系统总体模型的基础上，提出了基于认知理论的可视化方式选择 VAFT 模型，得到了最适用可视化方式选择的方法。系统阐述了安全管理信息最适用可视化方式选择过程和步骤，运用 VAFT 模型，确定了信息系统可视化集成平台各主要功能的最适用可视化方式。并通过认知实验，运用方差分析的方法，证明了运用 VAFT 模型选择的最适用可视化方式在节省认知时间、提高应对速度方面，优于其他可视化方式。

（3）提出了可视化管理对地下空间安全管理效应分析方法，建立了安全管理主体认知效率分析模型。分析得到了安全可视化管理作用机理，从信息获取、查找、分析三个过程，认知时间和认知准确度两个角度，利用数学建模的方法，构建了安全管理主体认知效率分析模型，并通过认知实验和方差分析方法，得到了地下空间安全可视化管理可以提高认知效率约 25% 的结论。

7.3 展望

本书的研究工作，对于寻找地下空间安全管理可视化对象和内容、确定最适用可视化方式、分析可视化带来的管理效应方面取得了一定的进展，构建了安全可视化管理需求 RFSC 模型、安全可视化方式选择 VAFT 方式选择模型、认知效率分析模型等。但是由于地下空间本身具有的隐蔽性强、负外部性大、逃生及救援困难等特性，地下空间安全管理工作有待于进一步研究，主要可以从以下方面开展研究工作：

（1）地下空间安全管理数据挖掘研究。在对地下空间安全管理对象和属性的研究的基础上，针对不同的属性，通过映射关系，从决策树、神经网络、相关规则、遗传算法、近邻算法、连机分析处理、粗糙集等数据挖掘方法中，选取和确定最适用数据挖掘方法，并研究其对地下空间安全管理对象和属性的算法。

（2）对地下空间安全可视化管理图元体系进行研究，重点研究图元分类、图元的构成以及图元的组合和拼接方法。

（3）针对不同安全管理岗位、不同部门、不同知识水平的人员，通过认知实验确定其最适用的可视化方式，并发现和总结规律，丰富和完善安全可视化管理方式选择方法和模型。

（4）进一步对地下空间安全隐患识别、分析、评价、应对和控制进行研究。

参考文献

［1］童林旭．地下空间与城市现代化发展［M］．北京：中国建筑工业出版社，2005.

［2］石晓东．北京城市公共地下空间开发利用的历程与未来［J］．地下空间与工程学报，2006，2（7）：1088-1092.

［3］段金平．北京地下空间资源超2亿平方米［J］．研究探讨，2013，8（4）：14.

［4］高天慕．地下城市综合体与城市空间要素的整合研究——以北京中关村广场购物中心为例［J］．北京建筑工程学院学报，2013，29（3）：5-11.

［5］《北京市国民经济和社会发展第十二个五年规划纲要》（2011）.

［6］姚荷孙．上海民防工程建设与地下空间开发利用［J］．上海国土资源，2011，32（2）：95-98.

［7］张建峰，杨木壮．广州城市公共地下空间开发利用模式与发展策略［J］．现代城市研究，2009（1）：67-72.

［8］《国务院关于加强城市基础设施建设的意见》（2013）.

［9］蔡兵备．城市公共地下空间产权问题研究［J］．中国土地，2003，（5）：14-16.

［10］陆海平，束昱．上海市地下空间安全管理体制及机制建设研究［J］．上海建设科技，2007（1）：6-9.

［11］《中华人民共和国人民防空法》（1996）第七条.

［12］《城市公共地下空间开发利用管理规定》（1997）第四条.

［13］上海市民防办公室，上海市地下空间管理联席会议办公室编．城市公共地下空间安全简明教程［M］．上海：同济大学出版社，2009.

［14］Guarnieri M，Kurazume R，Masuda H. et al. HELIOS system：A team of tracked robots for special urban search and rescue operations，2009 IEEE/RSJ International Conference on Intelligent Robots and Systems，IROS 2009：2795-2800.

［15］Meyeroltmanns Willy. Influence of decreasing vehicle exhaust emissions on the standards for ventilation systems for urban road tunnels，Tunneling and Under-

ground Space Technology，1991，vol（6）：97－102.

[16] Davydkin N. F. ，Vlasov S. N. Newest issues of integrated road urban tunnel fire protection system，33rd ITA － AITES World Tunnel Congress － Underground Space － The 4th Dimension of Metropolises，WTC 2007：1773－1777.

[17] Watanabe L，Ueno S，Koga M. et al. Safety and disaster prevention measures for underground space：an analysis of disaster cases. Tunneling and Underground Space Technology，1992（7）：317－324.

[18] Watanabe S，Ueno M，Koga K. et al. Safety and Disaster Prevention Measures for Underground Space：an Analysis of Disaster Cases，Tunneling and Underground Space Technology，1992，Vol（7），No. 4：317－324.

[19] Ogata Y，Isei T，Kuriyagawa M. Safety measures for underground space utilization. Tunneling and Underground Space Technology，1990（5）：245－256.

[20] Mashimo，H. State of the road tunnel safety technology in Japan，Tunneling and Underground Space Technology，2002，Vol（17）：145－152.

[21] Talmaki Sanat A，Dong Suyang，Kamat Vineet R. Construction Research Congress 2010：Innovation for Reshaping Construction Practice － Proceedings of the 2010 Construction Research Congress，2010，91－101.

[22] Bhalla S，Yang Y. W. ，Zhao J. et al. Structural health monitoring of underground facilities － Technological issues and challenges. Tunneling and Underground Space Technology，2005，vol（20）：487－500.

[23] Legrand Ludovic，Blanpain Olivier，Buyle － Bodin. et al. Promoting the urban utilities tunnel technique using a decision － making approach，Tunneling and Underground Space Technology，2004，vol（19）：79－83.

[24] Van der Hoeven，Frank. Landtunnel Utrecht at Leidsche Rijn：The conceptualisation of the Dutch multifunctional tunnel，Tunneling and Underground Space Technology，2010，vol（25）：508－517.

[25] Jean － Paul Godard. Urban and public underground space and Benefits of Going Underground，World Tunnel Congress 2004 and 30th ITA General Assembly－Singapore，22－27 May 2004－ITA Open Session.

[26] 童林旭．在新的技术革命中开发地下空间——美国明尼苏达大学土木与矿物工程系新建地下系馆评介［J］．地下空间，1985（1）：1－3.

[27] 徐梅．城市公共地下空间灾害综合管理的系统该研究［D］．同济大学，2006.

［28］杨远．城市公共地下空间多灾种安全综合评价指标体系与方法研究［D］．重庆大学，2009.

［29］胡贤国，束昱．地下商业空间设施使用安全的评价体系研究［J］．地下空间与工程学报，2010，6（增刊1）：1135－1138.

［30］齐安文．基于无线传感器自组网的北京市地下空间物联网监管系统［J］．2011国际（上海）城市公共安全高层论坛暨TIEMS中国委员会第二届年会，2011：297－303.

［31］黄铎，梁文谦，张鹏程．地下空间信息化管理平台系统框架研究［J］．地下空间与工程学报，2010，6（5）：893－899.

［32］赵丽琴．基于外部性理论的城市公共地下空间安全管理问题研究［D］．中国矿业大学（北京），2011.

［33］彭建，柳昆，阎治国等．地下空间安全问题及管理对策研究［J］．地下空间与工程学报，2010，6（1）：1－7.

［34］柳文杰．城市公共地下空间突发事故应急处置与救援研究［D］．哈尔滨理工大学，2012.

［35］周宁，陈勇跃，金大卫等．知识可视化与信息可视化比较研究［J］．情报理论与实践，2007，30（2）：178－181.

［36］周宁．信息组织［M］．武汉：武汉大学出版社，2004.

［37］Hermann T et al. Sonification of multi－channel image data. In Proceeding of the Mathematical and Engineering Techniques in Medical and Biological Sciences (METMBS 2000)，2000：745－750.

［38］Eppler M J, Burbard R A. Knowledge visualization：towards a new discipline and its fields of application. ICA Working Paper ♯2/2004，University of Lugano.

［39］Aihara K, Takasu A. "Domain visualization based on authorized documents", Proceedings of the Fourth International Conference on Information Systems, Analysis and Synthesis，1998，(2)：391－398.

［40］周宁，张李义．信息资源可视化模型方法［M］．北京：科学出版社，2008.

［41］董士海，王坚，戴国忠．人机交互和多通道用户界面［M］．北京：科学出版社，1999.

［42］冯艺东．信息可视化若干问题研究［D］．北京大学，2001.

［43］Card S K, Mackinlay J D, Shneiderman B. Readings in information visualization：using vision to think. Morgan Kaufmann，1999.

［44］Chi E H. A taxonomy of visualization techniques using the data state reference model. Proceedings of InfoVis 2000，2000，69－75.

［45］Chi E H. A Framework for information visualization spreadsheets. Ph. D. Thesis，University of Minnesota，March 1999.

［46］周宁，杨峰．信息可视化系统的 RDV 模型研究［J］．情报学报，2004，23 (5)：619－624.

［47］Dennis B，Kocherlakota S，Sawant A，et al. Designing a visualization framework for multidimensional data［J］. IEEE Computer Graphics and Applications，2005 (11/12)：10－15.

［48］Stewart J，Fast horizon Computation at All Points of a Terrain with Visibility and Shading Applications［J］. IEEE Transactions on visualization and computer graphics 4 (1)，1999.

［49］周宁，张弛，张会平．信息可视化与知识检索系统设计［J］．情报学报，2006，24 (4)：571－574.

［50］Wernecke J. The inventor mentor. Programming object－oriented graphics with open inventor，releaset，Addison－Wesley. 1994.

［51］胡太银．面向色彩管理的可视化技术研究［D］．西安电子科技大学，2002.

［52］李政，李卫中，朱天志等．房屋资产可视化管理信息系统［J］．河北科技师范学院学报 2005，19 (2)：26－29.

［53］张会平，周宁．政府隐性信息资源可视化挖掘研究［J］．情报科学，2009，9 (27)：1414－1417.

［54］陈光．可视化管理信息系统开发平台模型［J］．硅谷，2010 (06)：68－69.

［55］夏敏燕，汤学华．基于认知心理学的机电产品人机界面设计原则［J］．机械设计与制造，2010，1：183－185.

［56］Xirong Guo，Peng Huang，Wenyi Zhang. 3D Visualization Management System of Remote Sensing Satellite Data. 2011 3rd International Conference on Environmental Science and Information Application Technology. Volume10 (B)，2011：1059－1064.

［57］罗云，程五一，樊运晓．现代安全管理［M］．北京：化学工业出版社，2010.

［58］杜秀科，王冬．论新形势下企业现代安全管理的方法［J］．有色矿冶，2001，17 (3)：43－47.

［59］N. Mitchison，G. A. Papadakis. Safety management systems under Seveso Ⅱ：

Implementation and assessment. Journal of Loss Prevention in the Process Industries，1999，12，(1)：43-51.

[60] 陈宝智．安全管理［M］．天津大学出版社，1999.

[61] Ronaldia. Identifying the elements of sueeessful safety programs：a literature review［EB/OL］．Worker's compensation board of British Columbia，1998.

[62] K. Gill Gurjeet，S. Shergill Gurvinder. Perceptions of safety management and safety culture in the aviation industry in New Zealand［J］．Jurnal of Air Transport Management，2004，(10)：233-239.

[63] Rob James，Geoff Wells. Safety reviews and their timing［J］．Journal of loss Prevention in the process Industries，1994，7 (1)：11-12.

[64] Heinrich HW. Industrial accident prevention［M］．5th ed. NewYork：McGraw-Hill，1980.

[65] Bird，Jr. Frank. Management Guide to Loss Control. Atianta：Institute Press，1974.

[66] Adams，JGU. Risk and Freedom：the rerecord of road safety regulation. Transport Publishing Projeets，1985.

[67] 佟强，和富平．安全：从自律自控起步［M］．北京：煤炭工业出版社，2008：30-32.

[68] Gibson，J. J. The Contribution of Experimental Psychology to the Formulation of the Problem of Safety；A Brief for Basic Research，Behavioral Approaehes to Aeeident Research. ，Association for the Aid of Crippled Children. New York：NY，1960.

[69] Haddon，W. J. Energy damage and the 10 countermeasure strategies. J Trauma 1973，13：321-331.

[70] Hale，A. R. & A. I. Glendon. Individual Behavior in the Face of Danger. Amsterdam：Elsevier，1987.

[71] Wigglesworth，E. C. A Teaching Model of Injury Causation avid a Guide For Seleeting Countermeasures. OceuPational psyehology，1972.

[72] Andersson，R. The role of accidentology in occupational accident research. Arbete och halsa. 1991. Solna，Sweden. Thesis.

[73] Lawrence，A. C. Human Error as a Cause of Aceldents in Gold Mining. Joumal of Safety Researeh，6 (2)，1974.

[74] Benner，L. Safety，risk and regulation. Transportation Researeh Forum pro-

ceedings，Chieago，13：1，1972.

[75] Johnson，W. C. MORT. The management oversight and risk tree. Journal of Safety Researeh，1975，7：4－15.

[76] 江见鲸，徐志胜. 防震减灾工程学［M］. 北京：机械工业出版社，2005.

[77] 郝秦霞，赵安新，卢建军. 煤矿安全系统数据资源共享标准的构建［J］. 矿业安全与环保，2008，35（2）：31－33.

[78] 孙继平. 煤矿安全生产监控与通信技术［J］. 煤炭学报，2010，35（11）：1925－1929.

[79] 姚有利. 基于分岔理论的人-机-环煤矿安全系统的混沌调控［J］. 中国安全科学报，2010，20（3）：97－101.

[80] 王军号，孟祥瑞. 基于物联网感知的煤矿安全监测数据级融合研究［J］. 煤炭学报，2012，37（8）：1401－1407.

[81] 孙彦景，左海维等. 面向煤矿安全生产的物联网应用模式及关键技术［J］. 煤炭科学技术，2013，41（1）：84－88.

[82] 赵作鹏，尹志民，于景邨，等. 煤矿隐患数据可视化研究与应用［J］. 煤矿安全，2010（2）：67－69.

[83] 张广超. 电子地图技术在交通安全信息系统中的应用［D］. 山东大学，2010.

[84] 邢存恩. 煤矿采掘工程动态可视化管理理论与应用研究［D］. 太原理工大学，2011.

[85] 王建强. 基于可视化管理的煤炭企业信息化综合集成模型构建［J］. 煤炭经济研究 2013，33（3）：64－68.

[86] 郑立新. 安全管理信息系统的设计与实现［D］. 电子科技大学，2013.

[87] 王保国，王新泉，刘淑艳等. 安全人机工程学［M］. 北京：机械工业出版社，2007.

[88] Jean Piaget，Logic and Psychology［M］，Manchester University Press，1963.

[89] 程利国. 儿童发展心理学［M］. 福州：福建教育出版社，1997.

[90] Bechtel ，W. & Abrahamsen ，A. Connectionism and the Mind. Cambridge［M］. Basil Black well. Inc. 1991.

[91] 孙林岩，金天拾. 新的认知模型——认知综合模型［J］. 决策与决策支持系统，1996，6（3）.

[92] 王志良，郑思仪，王先梅等. 心理认知计算的研究现状及发展趋势［J］. 模式识别与人工智能，2011，24（2）：215－225.

［93］庄达民，王睿．基于认知特性的目标辨认研究［J］．北京航空航天大学学报，2003，29（11）：1051－1054.

［94］宋喆明，熊俊浩，朱坤等．数字化工业系统认知界面前景/背景颜色组合识别的可靠性［J］．第七届中国管理科学与工程论坛论，2009.

［95］余碧莹．基于事故风险分析的公路警告标志系统优化设置研究［D］．北京交通大学，2009.

［96］陈国华．风险工程学［M］．北京：国防工业出版社，2007.

［97］《建设工程项目管理规范》编写委员会，建设工程项目管理规范实施手册［M］．北京：中国建筑工业出版社，2006.

［98］刘堃．城市空间的层进阅读方法研究［M］．北京：中国建筑工业出版社，2010.

［99］陈志龙，刘宏．城市地下空间总体规划［M］．南京：东南大学出版社，2011.

［100］陈刚，李长栓，朱嘉广．北京地下空间规划［M］．北京：清华大学出版社，2006.

［101］孙建军，陈晓玲，成颖．信息资源管理概论［M］，南京：东南大学出版社，2003.

［102］Peter Fox，James Hendler. Changing the Equation on Scientific Data Visualization［J］. SCIENCE，2011，331（11）：705－708.

［103］谭章禄，方毅芳，吕明，张长鲁．信息可视化的理论发展与框架体系构建［J］．情报理论与实践，2013，36（1）：6－19.

［104］Qian Qihu，State，Issues and Views for Security Risk Management of China's Underground Engineering. THIRD CHINA－JAPAN WORKSHOP ON TUNNELLING SAFETY & RISK，2011.

［105］吕明，靳小波，谭章禄．基于点检的综采设备状态评价模型及系统实现［J］．煤矿机械．

［106］周翠英，陈恒，黄显艺等．重大工程地下空间信息系统开发应用及其发展趋势［J］．中山大学学报，2004，43（4）：28－32.

［107］江贻芳，王勇．城市地下空间信息化建设探讨［J］．河南理工大学学报，2006，25（5）：377－382.

［108］朱建明，刘伟，腾长浪．地下空间信息管理系统的建立［J］．地下空间与工程学报，2009，5（3）：413－418.

［109］吴玲玲，王学军，晏克非．城市地下空间开发需求与评估指标体系探讨

［J］．长沙大学学报，2007，21（4）：12－14.

［110］M. J. Eppler，R. A. Burkard. Knowledge Visualization – Towards a New Discipline and its Fields of Application，ICA Working Paper ♯2/2004［R］．University of Lugano，Lugano，2004.

［111］R. A. Burkard. Learning from Architects：The Difference between Knowledge Visualization and Information Visualization，Proc. Eighth International Conference on Information Visualization（IV04），London，July，2004.

［112］D. H. 乔纳森．用于概念转变的思维工具——技术支持的思维建模［M］．上海：华东师范大学出版社，2008.

［113］Havre S，Hetzler E，Whitney P. Theme River：visualizing thematic changes in large document collections. IEEE Transactions on Visualization and Computer Graphics. 2002，8（1）：9－20.

［114］Chi E H. Improving Web usability through visualization. Internet Computing. 2002，6（2）：64－71.

［115］刘晓平，石慧，毛峥强．基于信息可视化的协同感知模型［J］．通信学报，2006，27（11）：24－30.

［116］黄铁军，柳健．虚拟现实导引［J］．计算机世界，1997，34：23－26.

［117］Joshua Eddings. How Virtual Reality Works［M］．北京：电子工业出版社，1994.

［118］张万峰，邢立新．交互式可视化技术研究［J］．吉林大学学报（地球科学版），2006，36（11）：206－209.

［119］尹轶华．虚拟现实技术和GIS技术在虚拟校园中的应用［D］．重庆师范大学，2005.

［120］饶红亮．基于虚拟现实技术的矿山露天矿GIS系统的研究与实现［D］．武汉科技大学，2004.

［121］徐榕焓，张海涛，陈家赢．基于GIS与虚拟现实技术的土地整理规划研究［J］．数学的实践与认识，2010，40（4）：33－38.

［122］贺庆，龚庆武．虚拟现实技术在输电网络GIS中的应用［J］．高电压技术，2006，32（10）：94－97.

［123］苑思楠，张玉坤．基于虚拟现实技术的城市街道网络空间认知实验［J］．天津大学学报（社会科学版），2012，14（3）：228－234.

［124］Dykes Jason，Brunsdon Chris. Geographically weighted visualization：interactive graphics for scale – varying exploratory analysis［J］．IEEE Transactions on

Visualization and Computer Graphics，2007，13（6）：1161－1168.

[125] 樊明辉，陈崇成. 基于地图的交互式可视化技术 [J]. 华南理工大学学报（自然科学版），2008，36（5）：48－52.

[126] 艾丽双. 三维可视化 GIS 在城市规划中的应用研究 [D]. 清华大学，2004.

[127] 钟登华，李景茹，黄河. 可视化仿真技术及其在水利水电工程中的应用研究 [J]. 中国水利，2003（1）：67－70.

[128] 陆赛群，卢克，岳国英，等. 地下管网可视化 GIS 系统的设计与开发[J]. 中国给水排水，2013，29（5）：100－104.

[129] 王波. 城市公共地下空间开发利用问题的探索与实践 [D]. 中国地质大学（北京），2013.

[130] 孙云龙. 综合管廊在中关村西区市政工程中的应用与展望 [J]. 道路交通与安全，2007，7（2）：24－28.

[131] 范晓莉. 综合管廊灭火方式设计探讨 [J]. 陕西建筑，2013（9）：4－8.

[132] 孙磊，刘澄波. 综合管廊的消防灭火系统比较与分析 [J]. 地下空间与工程学报，2009，5（3）：616－620.

[133] 甄兴宇. 大型建筑地下空间通风与防排烟系统设计的探讨 [J]. 建材技术与应用，2010（3）：21－22.

[134] 刘浩，刘顺波，陈霜，等. 地下通风空调系统远程状态监测与故障诊断设计及实现 [J]. 现代计算机，2010（8）：177－179.

[135] 张浩. 综合管廊供配电系统的设计 [J]. 现代建筑电气，2011（4）：36－39.

[136] 朱雪明. 世博园区综合管廊监控系统的设计 [J]. 现代建筑电气，2011（4）：21－25.

[137] 杨春玲. 信息化对提升企业销售管理效率的作用机理研究 [D]. 吉林大学，2006.

[138] 刘晓东. 信息化对提升建筑企业施工管理水平的作用机理研究 [D]. 吉林大学，2007.

[139] 史后波. 基于认知理论的煤炭企业可视化管理与应用研究 [D]. 中国矿业大学（北京），2012.

[140] M. Hammer and J. Champy. Reengineer the Corporation：A Manifestou For Business Revolution [M]. Nicholas Brealey Publishing Limited，1993. 232－236.

[141] Peter G. W. Keen. Redesigning the Organization through Information Technology [J]，Strategy & Leadership，Vol. 19 Iss：3：4－9.

［142］蔡莉，孙海忠．信息技术对企业组织效率的作用机理［J］．吉林大学学报（工学版），2002，32（7）：86－90.

［143］王学东，陈道志．基于信息技术的企业组织变革研究［J］．情报科学，2006，24（1）：39－42.

［144］徐希燕．扁平化与企业效率［J］．经济管理，2004（5）：8－13.

附录 A 城市大型公共地下空间安全管理情况调查问卷

尊敬的女士/先生：

您好！感谢您支持并参与城市公共地下空间安全管理调查。为了更好的了解城市大型地下公共空间安全管理对您的工作与生活产生的影响，分析大家对于地下空间安全管理关注情况，从而进一步提升我国城市大型公共地下空间安全管理水平，我调研组开展了"城市大型公共地下空间安全管理诉求调查"活动。请您根据您日常工作、购物、出行等的感受和经验，选择最接近的选项。本调查问卷所得数据将全部用于课题研究，最终形成调查分析报告，如您需要，请留下您的联系方式，我们会及时给您发送。您的答案将被严格保密，请您放心填写问卷。最后，再次对您的支持表示感谢！

答卷人基本信息

1. 您的学历：

□博士及在读　□硕士及在读　□本科学历　□专科　□专科以下

2. 您在地下空间的主要角色定位：

□政府监管者　□地下空间运营管理公司职工　□地下空间使用者及顾客

3. 您目前的工作职位：

□政府中基层管理者　□地下空间中高层运营管理者

□地下空间基层运营管理者　□地下空间运营专业技术人员　□其他单位工作人员

4. 您的年龄：□25 岁以下　□25～35 岁　□36～45 岁　□46 岁及以上

地下空间主要区域关注情况

1. 地下空间交通环廊关注程度：

□不关注　□不太关注　□一般　□较关注　□很关注

2. 地下空间停车场关注程度：

□不关注　□不太关注　□一般　□较关注　□很关注

3. 地下商业及娱乐空间（商场、超市、饭店）关注程度：

□不关注　□不太关注　□一般　□较关注　□很关注

4. 地下物资存储空间关注程度：

□不关注　□不太关注　□一般　□较关注　□很关注

5. 地下办公空间关注程度：

□不关注　□不太关注　□一般　□较关注　□很关注

6. 地下综合管廊关注程度：

□不关注　□不太关注　□一般　□较关注　□很关注

7. 地下电梯系统运行情况关注程度：

□不关注　□不太关注　□一般　□较关注　□很关注

地下市政设施安全管理关注情况

8. 地下管线供气系统关注程度：

□不关注　□不太关注　□一般　□较关注　□很关注

9. 地下管线供电系统关注程度：

□不关注　□不太关注　□一般　□较关注　□很关注

10. 地下管线排水系统关注程度：

□不关注　□不太关注　□一般　□较关注　□很关注

11. 地下变配电设施关注程度：

□不关注　□不太关注　□一般　□较关注　□很关注

12. 地下通信系统关注程度：

□不关注　□不太关注　□一般　□较关注　□很关注

13. 地下通风系统关注程度：

□不关注　□不太关注　□一般　□较关注　□很关注

14. 地下垃圾处理设施关注程度：

□不关注　□不太关注　□一般　□较关注　□很关注

15. 地下供热制冷系统关注程度：

□不关注　□不太关注　□一般　□较关注　□很关注

地下灾害安全管理关注情况

16. 地下空间火灾关注程度：

□不关注　□不太关注　□一般　□较关注　□很关注

17. 地下空间水灾关注程度：

□不关注　□不太关注　□一般　□较关注　□很关注

18. 地下中毒事故关注程度：

□不关注　□不太关注　□一般　□较关注　□很关注

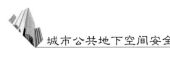

19. 地下恐怖袭击事故关注程度:

□不关注　□不太关注　□一般　□较关注　□很关注

20. 地下交通事故关注程度:

□不关注　□不太关注　□一般　□较关注　□很关注

21. 地表沉陷事故关注程度:

□不关注　□不太关注　□一般　□较关注　□很关注

指标的补充（选填）

指标名称:

□不关注　□不太关注　□一般　□较关注　□很关注

指标说明:

安全管理现状

1. 您对地下空间安全管理了解程度:

□不了解　□不太关了解　□一般　□较了解　□很了解

2. 您对地下空间现有安全管理模式及表达方法满意程度:

□不满意　□不太满意　□一般　□较满意　□很满意

3. 您认为地下空间安全管理表达方式与方法还可以从哪些方面完善:

□发送手机短信　□广播通知　□区域位置图　□统计图表　□动画模拟

□三维仿真　□电子邮件　□手机 App 软件　□电视录像　□对讲机

□流程图　□　其他

意见建议及联系方式（选填）

您的意见建议:

如需要结果，请留下您的联系方式:

通讯电话:　　　　　　　　　　　邮箱:

附录 B   可视化方式选择认知实验素材

认知问题：

1. 在何时出现了供配电系统预警？（多选）

A. 2 - 16 22：08   B. 2 - 17 15：58   C. 2 - 17 16：32   D. 2 - 17 16：52

E. 2 - 17 17：46   F. 2 - 17 18：10

2. 在地下空间综合管廊中，共有多少个未完成整改的有关供电、变配电的安全隐患？（单选）

A. 3   B. 4   C. 5   D. 6   E. 7

3. 您认为最可能导致最近一次安全预警的原因是来自下列哪些安全隐患（选择最可能的两个隐患即可）？

A. 2 - 17 17：46   供配电系统（消防、日常用电接于一个母线上）

B. 2 - 17 16：52   供配电系统照明箱（照明箱交流接触器烧坏）

C. 2 - 17 16：32   排水系统（水泵供电故障）

D. 2 - 17 15：58   供配电系统照明箱（短路）

E. 2 - 17 15：37   消防系统（消防配电线路保护层损坏）

F. 2 - 17 14：20   通风系统（风机按钮盒失灵）

G. 2 - 17 8：56   供配电系统（配电室防火阀未安装）

三种可视化方式：

1. 时间及因果关系复合可视化方式

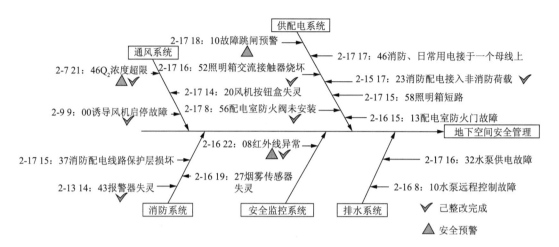

图 B-1　时间及因果关系图

2. 时间数据表可视化方式

表 B-1　地下空间安全隐患及安全预警情况统计

序号	时间	类型	名称	位置	完成情况
1	2-7 21：46	安全预警	通风系统（O_2浓度超限）	Ⅲ段	已结束
2	2-9 9：00	安全隐患	通风系统（诱导风机启停故障）	Ⅱ段	已完成
3	2-13 14：43	安全隐患	消防系统（报警器失灵）	Ⅰ段	已完成
4	2-15 17：23	安全隐患	供配电系统（消防配电接入非消防荷载）	Ⅴ段	已整改
5	2-16 8：10	安全隐患	排水系统（水泵远程控制故障）	Ⅵ段	未整改
6	2-16 15：13	安全隐患	供配电系统（配电室防火门故障）	Ⅳ段	未整改
7	2-16 19：27	安全隐患	消防系统（烟雾传感器失灵）	Ⅰ段	未整改
8	2-16 22：08	安全预警	监控系统（红外线异常）	Ⅱ段	已结束
9	2-17 8：56	安全隐患	供配电系统（配电室防火阀未安装）	Ⅷ段	已整改
10	2-17 14：20	安全隐患	通风系统（风机按钮盒失灵）	Ⅳ段	未整改
11	2-17 15：37	安全隐患	消防系统（消防配电线路保护层损坏）	Ⅴ段	未整改
12	2-17 15：58	安全隐患	供配电系统照明箱（短路）	Ⅶ段	未整改
13	2-17 16：32	安全隐患	排水系统（水泵供电故障）	Ⅱ段	未整改
14	2-17 16：52	安全隐患	供配电系统照明箱（照明箱交流接触器烧坏）	Ⅶ段	已整改
15	2-17 17：46	安全隐患	供配电系统（消防、日常用电接于一个母线上）	Ⅶ段	未整改
16	2-17 18：10	安全预警	供配电系统（故障跳闸预警）	Ⅶ段	未整改

3. 时间空间及因果关系复合可视化方式

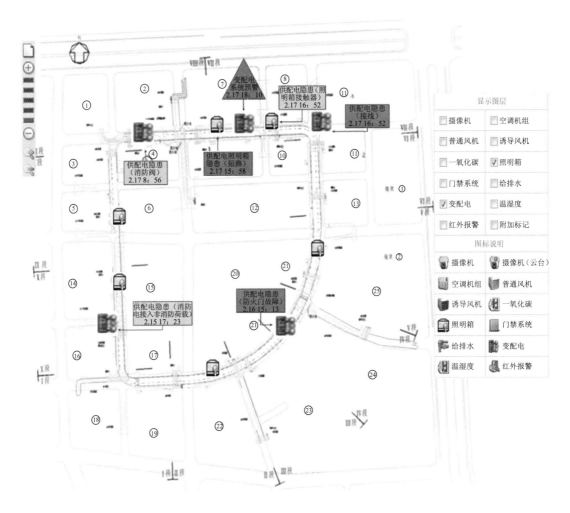

图 B‑2 时间空间及因果关系图